徹底解剖

自衛隊のヒト・カネ・組織

FUKUYOSHI SHOUJI
福好昌治

コモンズ

第2章　自衛隊のカネ　65

第4章　自衛隊の歴史

まえがき

自衛隊をテーマにした本はたくさんある。なかでも目立つのは、自衛隊の兵器に関する解説本だ。そのほか、自衛隊を増強すべきである、ないしは縮小すべきであるというような、主義主張の明確な本が多い。２０１５年９月に成立した全保障関連法（安保法制）についても、賛成・反対両方の立場からたくさんの本が出版された。

本書は自衛隊関連書の一つではあるが、兵器マニア向けではないし、特定の主義主張に基づいた本でもない。主義主張を交えず、外部から冷徹に自衛隊を観察した本である。内容もユニークだ。自衛隊関連書の多くは、その兵器や活動を取り上げている。それに対して、本書は自衛隊の日常に焦点を当てている。

第１章では、「ヒト」という面から自衛隊の実態を解剖した。具体的には、募集、昇進、退職後の再就職など、自衛隊員の半生を取り上げている。第２章では、「カネ」という面から自衛隊の実態を解剖した。具体的には、給料、手当、補償がどうなっているのかなどを明らかにしている。第３章では、組織という面から自衛隊の実態を解剖した。一般的な組織編成だけでなく、あまり知られていない情報部隊や特殊部隊も取り上げている。第4章では、自衛隊の創設経緯について解説した。

安保法制をめぐる論議を見ていると、空虚な論争に思われる。賛成派も反対派も、新たな安保法制によって、限定的な集団的自衛権が可能になったという評価では一致している。しかし、新しい安保法制の条文には、「集団的自衛権」という言葉は一つもない。賛成派も反対派も条文を読んで議論しているのか、疑わしい。国会での野党の追及も不十分だし、政府も国会議員の質問への回答をはぐらかしている。

安保法案可決時には付帯決議が付いた。これは重要な文書だが、マスコミの解説は見当たらないし、専門家の研究対象にもなっていないようだ。安保法制をめぐる議論では、政府の強行採決が大きな問題とされているが、法案に基づくリアルな議論が少ないことのほうが、より重要な問題であろう。

南スーダンPKOで、自衛隊に「駆け付け警護」任務を付与することに関しても、マスコミは危険性の強調に終始しているように見える。政府は2016年11月15日の閣議決定で「新任務付与に関する基本的な考え方」を公表した。それには次のように書かれている。

「『駆け付け警護』については、自衛隊の施設部隊の近傍でNGO等の活動関係者が襲われ、他に速やかに対応できる国連部隊が存在しない、といった極めて限定的な場面で、緊急の要請

を受け、その人道性及び緊急性に鑑み、応急的かつ一時的な措置としてその能力の範囲内で行うものである」（傍点筆者）

一言で言うと、「安全と思われるとき以外、駆け付け警護は実施しない」ということだ。このように文書の行間を読めば、政府の本音を推察できる。そのためには自衛隊に関する基礎知識が必要になる。本書はそれを提供している。執筆にあたっては、虚心坦懐に自衛隊の実像をとらえるように努めた。

なお、本書では、自衛隊員の意識調査を資料として活用した。必ずしも１００％匿名性を担保された回答とは言えないが、傾向をうかがうことはできるだろう。また、人名の敬称は省略したことをお断りしておきたい。

２０１７年1月

福好 昌治

第1章
自衛隊のヒト

Q1 自衛隊員＝自衛官ですか？ 自衛官の階級はどうなっていますか？

自衛隊員の約9割は自衛官である。ただし、自衛官＝自衛隊員ではない。

自衛隊員より広い概念に、防衛省職員がある。そのトップは防衛大臣だ。次に防衛副大臣と防衛大臣政務官（2名）がいる。この4名は、原則として政治家（国会議員）のポストである。

防衛大臣のアドバイザーとして、防衛大臣補佐官と防衛大臣政策参与（3人以内）というポストも設置されている。防衛大臣補佐官は2009年9月、福田康夫政権（自民党）の防衛大臣に任命された石破茂のイニシアティブで新設された。その後、国家公務員法等の一部を改正する法律（2014年5月施行）によって、防衛大臣政策参与に改称された。大臣補佐官は各府省共通の官職で、とくに必要がある場合に任命される（現在、防衛大臣補佐官は不在）。彼らは防衛省職員ではあるが、自衛隊員ではない。

自衛隊員の中心を占めるのが自衛官で、2016年3月現在の定員は24万7154人(1)。自衛官は他国軍の軍人に相当する。制服（軍服）を着用していることから、「制服組」と呼ばれる。

(1) 定数は『平成28年版防衛白書』による。

自衛官以外の自衛隊員の多くは事務官だが、「技官」（技術職）や「教官」という身分の者もいる。彼らはまとめて「文官」と呼ばれ（そのうち内局の官僚は「背広組」とも呼ばれる）、他国軍では「軍属」に相当する。文官のトップは防衛事務次官だ。文官の定員は2万1131人。

防衛省職員のうち、自衛官だけが階級を有する。階級は上から順に将、将補、一佐、二佐、三佐、一尉、二尉、三尉となり、ここまでが幹部自衛官（他国軍の将校ないし士官に相当）である。将は旧日本軍でいう大将と中将に相当する。統合幕僚長（統幕長）、陸上幕僚長（陸幕長）、海上幕僚長（海幕長）、航空幕僚長（空幕長）(2)は大将に相当する地位とされており、肩章を4つ付け、俗に「4つ星」と呼ばれる（他の将は3つ星）。将補は少将に相当する。一～三佐は佐官と呼ばれ、他国軍の大佐、中佐、少佐に相当する。一～三尉は尉官と呼ばれ、他国軍の大尉、中尉、少尉に相当する。

幹部自衛官の下に准尉という階級がある。定年に近づいたベテランの曹長が任命されるポストで、定員は少ない。その下は曹長、一曹、二曹、三曹で、まとめて曹（旧軍では下士官）と呼ばれる。彼らは他国軍の上級曹長、曹長、一等軍曹、二等軍曹、三等軍曹、伍長に相当する。幹部と曹は、定年まで勤務できる正規職の特別職国家公務員だ。

曹の下に士長、一士、二士という階級がある。他国軍の上等兵、一等兵、二等兵に相当し、まとめて士（旧軍では兵）と呼ばれる。(3)

(2) Q45、46参照。

(3) Q7参照。

Q2

自衛官は何人いて、充足率はどの程度ですか?

２０１５年12月31日現在、自衛官の定員は24万７１６０人で、現員（実際に存在する人数）は22万８４９６人。充足率は92・４％で、比較的高いように見える。しかし、自衛官の階級構成には問題が多い(4)。

陸上自衛隊、海上自衛隊、航空自衛隊の定員と充足率を表１～３に示した（人数が少ないので、准尉については省略）。いずれも、若手自衛官である士の充足率が幹部や曹よりかなり低い(5)。陸上自衛隊は82・５％、海上自衛隊は73・５％、航空自衛隊は77・５％だ。統合幕僚部（統幕）(6)などに勤務する自衛官を含めた充足率を見ると、幹部が91・７％、曹が97・８％、士が80・０％となる。

また、曹の定員が非常に多く、全体の６割を占める。軍隊の階級構成としては、幹部、准尉、曹、士の順に人数が多くなるピラミッド型が望ましい。士の隊員が多ければ、平均年齢が低くなり、体力面で精強さを維持できる。ところが、自衛隊の場合、定年まで勤める曹の人数が非常に多い。そのため、階級構成がアンバランスになり、平均年齢が高い。

（4）Q２の人数と充足率は、防衛省『平成28年執務参考資料集』による。
（5）Q７参照。
（6）Q46参照。

しかも、平均年齢は年々高くなっている。１９９１年の平均年齢は32・２歳で、そのうち曹の平均年齢は35・９歳だった。２０１４年の平均年齢は36・０歳で、曹の平均年齢は38・３歳だ。士の場合も、18〜22歳が少なくなり、30歳以上が増えている。(7) 自衛隊も日本社会と同様に高齢化しているわけだ。これでは精強さを維持できない。

ちなみに、日本と同様に志願制を採用しているイギリス陸軍の平均年齢（２００８年）は30・５歳である。

表１　陸上自衛隊の定員と充足率

	定　員	現　員	充足率
全体	151,023 人	139,792 人	92.6%
幹部	24,828 人	22,448 人	90.4%
曹	87,550 人	85,139 人	97.2%
士	35,477 人	29,257 人	82.5%

表２　海上自衛隊の定員と充足率

	定　員	現　員	充足率
全体	45,494 人	41,774 人	91.8%
幹部	9,413 人	8,817 人	93.7%
曹	25,699 人	25,333 人	98.6%
士	9,503 人	6,982 人	73.5%

表３　航空自衛隊の定員と充足率

	定　員	現　員	充足率
全体	47,073 人	43,293 人	92.0%
幹部	9,415 人	8,511 人	90.4%
曹	25,638 人	25,361 人	98.9%
士	11,261 人	8,722 人	77.5%

（注）全体は、表に掲載していない准尉を含めた数である。

（7）年齢に関するデータは、防衛省が財務省・財政制度分科会に提出した資料（２０１５年）による。30歳以上の士が増えた原因としては、大卒の二士（現在は自衛官候補生として募集）応募者の増加が挙げられる。

Q3

女性自衛官はいつ誕生し、主に何をしているのですか？

1954年の自衛隊発足と同時に、看護師として女性自衛官が採用された。女性自衛官の主な職域は看護、会計、通信などである。

陸上自衛隊は1967年から、海上自衛隊と航空自衛隊も74年から、一般職域（看護以外の分野）にも女性自衛官を採用するようになった。目的は、男性自衛官の不足を補うためだ。1985年には防衛医科大学校が、92年には防衛大学校が、女性の受験を認めた。

また、海上自衛隊と航空自衛隊には航空学生(8)という採用区分があり、1993年から女性の受験を認めるようになった。すでに海上自衛隊では、P‐3C哨戒機(9)のパイロットやSH‐60J哨戒ヘリ(10)のパイロットに、航空自衛隊でもC‐1輸送機のパイロットに、それぞれ女性自衛官が任命されている。航空自衛隊の戦闘機パイロットに関しては、体力面の負担が大きいため、女性を任命しないとされてきたが、2015年にその制限が解除された。現在養成中で、そう遠くないうちに初の女性戦闘機パイロットが誕生する見込みだ。

(8) Q8参照。
(9) Q39参照。
(10) 洋上監視と対潜戦を任務とする。

海上自衛隊の艦船では、2008年に護衛艦(11)と掃海母艦(12)に女性を配置できるようになった。その結果、2016年2月、護衛艦「やまぎり」の艦長に女性自衛官が任命されている。

現在、陸上自衛隊で女性自衛官を配置できない職域は、普通科中隊、戦車中隊、偵察隊、施設中隊(13)、化学防護(小)隊(14)、坑道中隊(15)などである。ただし、普通科中隊の上部組織である普通科連隊の本部や、戦車中隊の上部組織である戦車大隊の本部には、女性自衛官を配置できる。

海上自衛隊で女性自衛官を配置できない職域は、潜水艦だけである。潜水艦の中は非常に狭いので、女性自衛官の生活区域を設置できないからだ（ミサイル艇と掃海艦も、2016年3月まで女性自衛官を配置できない職域とされていた）。航空自衛隊の場合、女性自衛官を配置できない職域はなくなった。

女性自衛官の人数は年々増え、2015年3月31日現在、陸上自衛隊2046人（半数は看護職域）、海上自衛隊7304人、航空自衛隊3608人、計1万2958人である（海上自衛官や航空自衛官である看護師はいない）。とはいえ、自衛官全体に占める割合は5・7％で、まだ多いとは言えない(16)。

(11) Q49参照。
(12) 掃海（機雷を処分すること）の現場で、掃海艦への後方支援などを行う艦船。
(13) 施設科部隊の単位のひとつで、施設科とは工兵のことである。戦場で橋を架けたり、地雷を爆破処分するなどが任務である。PKO（国連平和維持活動）では、道路の舗装工事を担当している。
(14) 化学兵器（毒ガス）が使用されたときに除染する部隊。
(15) トンネルを掘る部隊。
(16) 『防衛ハンドブック2016』朝雲新聞社。

Q4

自衛隊員の募集方法について教えてください。

自衛隊員の募集は、自衛隊の地方協力本部が実施している。地方協力本部は、各都府県に1カ所（すべて都府県庁所在地にある。北海道は広いので4カ所）ずつ設置されている。かつては地連（地方連絡部）と呼ばれていた。地方協力本部の下に、出張所、地域事務所、募集案内所がある。主要な都市には自衛官募集の窓口があるわけだ。

本部長には事務官が任命されるケースもあるが、多くは自衛官のポストになっている。出張所などで実際に隊員募集に当たる人も、ほとんど自衛官だ。

自衛官の募集区分には、一般幹部候補生、一般曹候補生[17]、航空学生、陸上自衛隊高等工科学校生徒[18]、自衛官候補生、防衛大学校生、防衛医科大学校生などがある（一般幹部候補生、航空学生、自衛官候補生、防衛大学校生、防衛医科大学校生については後述）。

自衛隊は女性タレント[19]を起用した広報用動画の配信、高校・専門学校・大学での説明会、駐屯地・基地の一般公開（一般大学と同様に、防衛大学校もオープン・キャンパスを開催）、高校生への宣伝用パンフレットの送付などで、自衛隊員の募集に努めている。適齢者（主に高校3年生）の名簿は市区町村から入手する。カレッジ・リクルーター

(17) 将来、曹になる自衛官を指す。階級は二士からスタートするが、3年経過して試験に合格すると、三曹に昇進する。

(18) 旧名は陸上自衛隊少年工科学校。陸上自衛隊の工業高校のようなもので、15歳以上17歳未満が応募できる。主に中卒者が対象で、将来、陸上自衛隊の技術系の曹として勤務することを予定している。生徒は定員外の自衛隊員だが、自衛官ではない。

(19) 代表的なタレントは壇蜜。

と称して、現職の若手幹部自衛官を母校の大学に派遣して説明会を実施することもある。

しかし、それだけでは十分な数の応募者は集まらない。募集の軸となるのは、昔ながらの縁故採用だ。地方協力本部は、自衛隊員募集にボランティアで協力する募集相談員や団体、企業を確保している。彼らから自衛隊に入る可能性のある若者を紹介してもらい、個別アプローチで受験を勧める。募集相談員・協力団体に対する表彰制度もある。

募集は企業でいうと、営業に相当する。募集担当者にはノルマがあるから、涙ぐましい努力で応募者を確保する。当然、都合のいいことだけを話し、都合の悪いことは話さない。

国防の意義を訴えて、自衛隊への応募を勧めるのではなく、4年勤めれば退職金200万円をもらえる、大型自動車やクレーン車などの免許がとれる、働きながら大学に進学もできる、給料がもらえて衣食住がタダだから借金も返せる、といったことが〝売り〟になる。バブル時代(1992年ごろまで)には、上野駅などでブラブラしている若者に声をかける、といったこともやっていたが、今はやっていないようだ。

バブル崩壊後の1993年ごろから自衛隊員への応募者が徐々に増えたが、2015年ごろから民間の景気回復と少子化の影響で、再び募集難になり始めた。

Q5

強制的に入隊させるのですか？ また、経済的徴兵制はあり得ますか？

自衛隊は志願制なので、強制的に入隊させることはできない。

安保法制の論議で、日本も「経済的徴兵制」になってしまうのではないかという見解が現れた。[20]「経済的徴兵制」とは、奨学金の返済などのために、自衛隊に入隊し、手っ取り早く稼がざるを得なくなる状況を指すようだ。たしかに、自衛隊に5年勤めれば、最大243万5387円の退職金がもらえる。[21]

経済的事情で自衛隊に入る人は昔から存在する。しかし、彼らは自らの意思で入隊するのだから、徴兵制ではなく志願である。「経済的徴兵制」という言い方は、日本語の用法として間違っている。

では、将来、徴兵制が施行される可能性はないのだろうか。

結論から言うと、「ない」と断言できる。

第一に、徴兵制は戦力の強化につながらないからだ。むしろ、自衛隊の弱体化を招く。自衛隊に限らず、先進国の軍隊の装備は年々高度になっており、装備の取り扱い方を学ぶだけでも、かなりの期間を要する。一方、徴兵制で採用された者は2年程度

（20）たとえば、布施祐仁『経済的徴兵制』集英社、2015年。

（21）詳細はQ7参照。

で退職する。ようやく一通りの技術を覚えた時点で退職されたのでは、意味がない。また、一般的に徴兵制で採用される兵士の質は志願制の兵士よりも劣る。

志願制の自衛隊でも、バブル期に採用された者のなかには、訓練中に銃（実弾は入っていない）を持ったまま行方不明になるような者もいた。徴兵制を採用すると、このような隊員が増える。新隊員の教育・訓練に多大な労力をさかねばならなくなり、かえって自衛隊の負担が増える。

第二に、少子化に伴い、自衛隊だけでなく民間も若年労働者不足に直面するからだ。自衛官候補生(22)の対象年齢である18～26歳の人数は、ピーク時の１９９４年度が約１７００万人で、２０１４年度には約１１００万人に減った(23)。今後はもっと減る。

若年層の減少で困るのは自衛隊だけではない。役所や民間企業も、若手の人材確保が困難になる。すでに建設業界では、人手不足のために仕事を受注できない、という事態が発生している。

こうした状況下で徴兵制を施行すれば、若年労働力を自衛隊に取られてしまう。民間企業から見れば、徴兵制の施行は好ましくない。

第三に、徴兵制が世論の支持を得られる可能性がきわめて低いからだ。したがって、徴兵制を採用しようという政治家がたくさん出現する可能性もきわめて低い。そのような主張をすれば、選挙で不利になる。

(22)　Ｑ７参照。
(23)　『平成27年版防衛白書』。

Q6

幹部自衛官は、どんなシステムで養成されていますか?

①防衛大学校を受験する、②幹部候補生試験を受験する、③自衛官になった後、部内の昇進試験を受験し、幹部自衛官になる、という3つの方法がある(防衛医科大学校に入学して、自衛隊の医官を目指す者を除く)。

防衛大学校は幹部自衛官の養成を目的として設置された学校である。高卒(見込みの者を含む)で21歳未満の者(すでに自衛官になっている者は23歳未満)が受験できる。試験は男女別に分かれていないが、女子の採用者は約35人だ(採用予定人数(定員)は男女別に決まっている)。理工系だけでなく、人文・社会科学系の学部もある。一次試験は学力試験で、小論文もある。二次試験は口述と身体検査だ。推薦入学制度もある。

2014年度の場合、人文・社会系の応募者は6696人で、採用者は119人。理工系の応募者は1万433人で、採用者は424人。合格者数は公表されていないが、簡単に入学できるレベルではない。

防衛大学校に入学すると、定員外の自衛隊員となる(まだ自衛官ではない)。学生は4学年・8人が一部屋の学生舎で共同生活をおくる。授業の多くは一般大学の内容と同じで、防衛学と訓練（小銃の分解・整備・操作、カッター、遠泳など）が加わる。したがって、一般大学よりも授業・訓練の時間が多く、休暇期間は短い。そのかわり、学内にいるかぎり、衣食住はタダで、学生手当（月額10万９４００円）を支給される。休日の息抜きのため、学外に共同でアパートを借りている者も多い。大卒の資格（学士）も得られる。

卒業すれば、曹長に任官する。任官しないで卒業する者もいるが、償還金を払う必要はない。任官から1年間、幹部候補生学校などで教育を受けた後、三尉に昇進し、幹部自衛官になる。陸上自衛隊幹部候補生学校は久留米市（福岡県）、海上自衛隊幹部候補生学校は江田島市（広島県）、航空自衛隊幹部候補生学校は奈良市にある。

一般大学卒業程度の試験である幹部候補生試験の応募資格は22歳以上26歳未満（修士課程修了者は28歳未満）で、学歴は問われない。応募時に21歳で大学卒業見込みの者も受験できる。２０１４年度の男子の応募者は７２８９人で、採用者は２６６人。女子の応募者は１２２６人で、採用者は26人。合格者は防衛大学校卒業生と同じく、曹長に任命される。防衛大学校卒業生とともに1年間、幹部候補生学校などで教育を受けた後、三尉に昇進し、幹部自衛官になる。

すでに自衛官である者が部内の昇進試験を受験し、幹部自衛官になるという内部昇格制度もある。この場合、幹部自衛官に昇進する年齢が遅いため、一尉ぐらいで定年となるケースが多い。

Q7 任期制自衛官って何ですか?

自衛隊員の募集区分でいうと、自衛官候補生が任期制自衛官(24)に相当する。以前は自衛官候補生ではなく、二士として募集されていた。自衛官候補生として採用後、3カ月間、全国各地の駐屯地・基地で新隊員向けの教育訓練を受ける。陸上自衛隊は東千歳(北海道)、練馬(東京都)、福岡、那覇(沖縄県)など17カ所、海上自衛隊は横須賀(神奈川県)、呉(広島県)、佐世保(長崎県)、舞鶴(京都府)、航空自衛隊は熊谷(埼玉県)、防府《ほうふ》南(山口県)だ。その間は自衛隊員ではあるが、まだ自衛官ではない。3カ月間の教育訓練終了後、自衛官(二士)に任官する。

新隊員教育隊での教育訓練期間を含めて、陸上自衛隊は1任期目が2年、海上自衛隊と航空自衛隊は3年だ。2任期目以降は、いずれも2年である。通常、2任期務めた後、退職するケースが多い(試験に合格すれば三曹に昇進できる)。陸上自衛隊に比べて、海上自衛隊と航空自衛隊には技術職的な要素が多く、仕事を覚えるのに時間がかかるため、1任期目が長くなっている。

自衛官候補生は一年中、募集している。応募資格は18歳以上27歳未満で、過度の肥

(24) 任期制自衛官とは別に、元自衛官を任期付きで再雇用する任期付自衛官もある。

満や入れ墨をしている者は応募できない。自衛官候補生に限らず、すべての自衛隊員の採用試験では、薬物検査も実施される。(25) 男子の応募状況を表４にまとめた。最近の応募者は毎年２万〜３万人だ。一見、倍率はかなり高いが、採用者＝合格者ではない。合格者数は採用者よりもかなり多いと思われる。

ここで、やや古いが面白いデータを紹介しよう。２００５年度の二士（現在の自衛官候補生）採用試験における身体検査結果である。応募者１万７２３６人のうち２６３５人が不合格、９００人が条件付き合格となっている。

肥満による不合格者が５６５人、条件付き合格者が５４６人いる。ここでいう条件付きとは、入隊までに減量するという意味だ。視力による不合格者は４１３人、「精神病・精神神経症及び人格異常」による不合格者は１１２人。「皮ふ及び疎性結合組織の疾患」（主として入れ墨）による不合格者も２８６人いる。(26)

二士に任官後、半年で一士に、１年半で士長に昇進する。二士の俸給は16万１６００円だ。全員駐屯地ないし基地内の隊舎で生活し、食費や制服は無料（もちろん、外食や私物の衣服は自己負担）。２任期で退職すれば、陸上自衛隊で約１９９万円、海上自衛隊と航空自衛隊で約２４４万円の退職金がもらえる。集団生活なのでプライバシーは保障されないが、金銭的には恵まれている。

表４　自衛官候補生（男子）の応募状況

年度	応募者	採用者
2010年	19,650 人	4,503 人
2011年	20,158 人	3,683 人
2012年	29,740 人	9,225 人
2013年	29,257 人	8,478 人
2014年	27,319 人	7,391 人

（出所）『防衛ハンドブック 2016』。

(25) 「平成28年度自衛官候補生（男子）募集要項」。

(26) 防衛省『防衛力の人的側面についての抜本的改革報告書』２００７年。

Q8 自衛隊のパイロットは、どのように養成されているのですか？

自衛隊のパイロットになるには、①航空学生の試験に合格する、②防衛大学校卒業後、航空自衛隊に入り、パイロット養成コースに進む、③一般大学から海上自衛隊ないし航空自衛隊の幹部候補生試験に合格し、入隊後パイロット養成コースに進む、という3つの方法がある。

防衛大学校や幹部候補生試験受験者で、最初からパイロットになりたいと考えている者は少ない。これに対して①の航空学生は自衛隊のパイロットを養成する専門課程である。そこで、ここでは航空学生[27]について解説する。

航空学生は主に高卒を対象にしており、応募年齢は21歳未満となっている。試験には、操縦適性検査[28]なども含まれる。視力に関しては、「近距離裸眼視力が0・1以上で矯正視力が1・0以上」などとなっている[29]。

航空学生は海上自衛隊と航空自衛隊に区分されているが、受験生の多くは航空自衛隊の航空学生を受験する。自衛隊のパイロットを目指す者の多くは、戦闘機のパイロットにあこがれているからだ。2014年度の応募状況を見ると、海上自衛隊航空学

(27) 紙幅の都合上、海上自衛隊航空学生の教育についいては省略した。
(28) 実際に航空機に教官とともに搭乗して飛行適性を確認する検査で、身体検査とは異なる。高所恐怖症や閉所恐怖症の傾向があれば不適格になる。
(29) 「平成28年度海上・航空自衛隊航空学生募集要項」。

生の応募者は948人で、採用者は82人。航空自衛隊航空学生の応募者は2908人で、採用者は50人。圧倒的に航空自衛隊航空学生のほうが難関である。(30)

航空自衛隊航空学生の試験合格者は航空学生課程に進み、防府北基地（山口県防府市）にある第12飛行教育団で、2年間の教育を受ける。ここは座学で、一般教養と航空工学などを学ぶ。入隊時の階級は二等空士だが、順次横並びで昇進し、次の飛行準備課程に入るときに三等空曹になる。

飛行準備課程（約5～8・5カ月）も第12飛行教育団で実施され、座学のほかに落下傘降下準備訓練や航空生理訓練も受ける。その後は初級操縦課程（約6カ月）に進み、静浜基地（静岡県焼津市）の第11飛行教育団ないし防府北基地の第12飛行教育団で、基本的な操縦法を学ぶ。ここでの検定試験に合格した者は、戦闘機、輸送機、救難機といった機種別のコースに振り分けられる。

戦闘機要員はT‐4練習機を使用した基本操縦課程（約54週。福岡県芦屋《あしや》町の芦屋基地ないし静岡県浜松市の浜松基地で実施）に進む。輸送機や救難機の要員はT‐400練習機を使用した基本操縦課程（約47週、鳥取県境港《さかいみなと》市の美保基地で実施）に進む。基本操縦課程を修了すれば、ウイングマーク（国家資格である操縦士）を取得できる。

さらに、実際に戦闘機、輸送機、救難機を操縦する訓練を経て、部隊に配属される。入隊から部隊配属まで6年かかる。部隊に配属されると、三等空尉に昇進する。海上自衛隊でも航空自衛隊でも、部隊に配備されたパイロットは全員幹部自衛官である。

(30)『防衛ハンドブック2016』。

Q9

任官拒否する防衛大学校卒業生の割合はどのくらいですか？　また、拒否者に対する罰則はありますか？

近年の任官拒否者（任官辞退者）は比較的少ない。２０１１～13年度卒業生の任官拒否者と中途退学者を表５にまとめた。

近年で任官拒否者が比較的多いのは、53期生（２００９年３月卒）の35人、52期生（２００８年３月卒）の26人だ。自衛隊のイラク派遣（２００４～09年）が影響したのかもしれない。ただし、民間の景気がよかったので、バブル時代の任官拒否者はもっと多い。１９９１年３月卒業者では、94名の任官拒否者を出している[31]。

すべての期を通じて、任官拒否者よりも中途退学者のほうが圧倒的に多い。そのうちの約８割は１年生の時に退学している。上下関係が厳しく、プライバシーの少ない団体生活になじめなかったのであろう。防衛大学校（防大）に入学する者のほとんどは普通の高校生である。授業料がタダである、偏差値が自分のレベルにあっていた、というような動機で入学する者が多いようだ。国防意識の高い者はきわめて少ない。

中途退学の場合も、任官拒否の場合も、罰則はない。防大生は学生手当として月額10万９４００円の手当を受け取っているが、それを返す義務もない。

（31）当時の事情は以下を参照されたい。福好昌治『自衛隊ここまで暴露《バラ》せば殺される』あっぷる出版社、１９９１年。

表5　最近の任官拒否状況

期	卒業	入学者	卒業者	任官拒否者	中途退学者
56期	2012年3月	454人(43人)	372人(32人)	4人(0人)	73人(8人)
57期	2013年3月	494人(32人)	413人(27人)	7人(1人)	74人(6人)
58期	2014年3月	538人(40人)	434人(30人)	10人(0人)	92人(9人)

(注) カッコ内は女性。また、このほかに留年者がいる。
(出所) 防衛省『平成27年執務参考資料集』。

これに対し、防衛医科大学校生の場合、自衛隊の病院などで医官として9年間勤務する義務がある。義務年限以内に退職した場合は、償還金を払わねばならない。償還金は医師の養成に密接に関係する経費を対象としており、教官の給料も考慮される。たとえば、35期生(2014年3月卒)が任官しなかった場合、償還金は4470万円になる。かなり高額なので、1~35期生を通して任官拒否者は12人しかいない[32]。なお、自衛隊での勤務年数に応じて、償還金は減額される。

防大の任官拒否者にも償還金を払わせるべきだという意見もあり、2012年の自衛隊法等改正案にその条項が挿入されたが、自民党などの反対で削除された。防大出身の自衛官の中では、任官拒否者に対する反発は少ない。

むしろ、防大で教育を受けた者が、民間で活躍するのをよしとする風潮すらある。かつて私に「全員が任官したら、そのほうが軍国主義ですよ」と言った防大の教官がいた。もし、防大も任官拒否者に償還金を払わせるようになれば、志願者が減り、優秀な学生を確保しにくくなる。それよりは間口を広げて、入学後に国防意識を育成するほうが得策なのだろう。

(32) 防衛省『平成27年執務参考資料集』。

Q10

自衛官はどのようにして昇任するのですか？ 昇任の基準は何ですか？

ここでは幹部自衛官の昇任システムについて解説する。試験の成績や上司の勤務評定が昇任の基準になるという点では、他の役所や民間企業と変わらない。ただし、自衛隊独特のシステムもある。

自衛隊では防衛大学校（防大）卒が大きな勢力となっており、防大以外の学閥はない。もちろん、一般大学卒で将に昇任した人もいる。最近では、東大出身者が陸上自衛隊東北方面総監（階級は将）に昇任した。しかし、幕僚長はすべて防大卒だ。

防大を卒業する時点で、将来の幕僚長候補がある程度見えてくるようだ。たとえば、学生長(33)だった者はその有力候補である。幹部候補生学校では、防大卒も一般大学卒もいっしょに教育訓練を受ける。防大卒も一般大学卒も、自衛官に任官して1年経つと三尉に昇任し、幹部自衛官になる。その後、二尉→一尉と昇任する。ここまではほぼ全員横並びだ。一尉に昇任するのは30歳前後である。

差がつくのはその後だ。出世の第一関門は、陸上自衛隊幹部学校、海上自衛隊幹部学校、航空自衛隊幹部学校に設置されている指揮幕僚課程への入校。指揮幕僚課程は

(33) 一般大学には存在しないが、高校の生徒会長のようなもの。

旧日本軍の陸軍大学校や海軍大学校に相当する。

指揮幕僚課程に入校するには、試験に合格しなければならない。そのため、将来の高級幹部自衛官候補者を試験勉強の時間を確保しやすい職務（自衛隊内の高射学校、施設学校、富士学校（普通科・機甲科・野戦特科）など各職種別の学校など）に就かせるという配慮もある。

では、指揮幕僚課程の試験では、どのような問題が出るのだろうか。「第64期航空自衛隊幹部学校指揮幕僚課程学生等選抜試験」の問題が、航空自衛隊の部内誌『鵬友』[34]に掲載されていたので、その一部を紹介しよう。第64期は２０１６年4月の入校者のことだ。一次試験は筆記、二次試験は面接と身体検査である。

一次試験は論述式で、「我が国を取り巻く安全保障環境を踏まえ、航空自衛隊のあり方について論ぜよ」「指揮官の決心について説明し、決心の変更に当たり着意すべき事項について述べよ」といった問題が課された。

指揮幕僚課程は陸上自衛隊が90週、海上自衛隊が1年、航空自衛隊が47週となっている。指揮幕僚課程を終えれば、少なくとも一佐までは昇任できると言われる。指揮幕僚課程における試験の成績も、その後の昇任に影響する。

三佐に昇任する段階で、一選抜、二選抜というように、順次ふるい分けられる。幕僚長などの高級幹部自衛官の人選では、事務次官など内局官僚の影響力も大きく働く。女性問題のようなスキャンダルをかかえている者は、幕僚長にはなれないはずだ。

（34）航空自衛隊連合幹部会『鵬友』２０１５年9月号。

Q11

自衛官の定年はいくつですか？階級によって違うのですか？

自衛官は体力を要する仕事なので、若年定年制を採用している。定年は階級によって異なる。階級が上がるにつれ、力仕事から解放されるため、年齢が上がっても職務に支障は生じない（ただし、責任は重くなる）。

定年は陸上自衛隊、海上自衛隊、航空自衛隊ともに共通である。将と将補は60歳で、他の公務員や会社員と変わらない。ただし、年金受給年齢の65歳引き上げに伴う定年延長制度はない。

将のうち統幕長、陸幕長、海幕長、空幕長[35]の4名の定年は62歳である。旧日本軍の定年は、陸軍、海軍ともに大将が65歳で、中将が62歳、少将が58歳だった。戦前よりはるかに寿命が延びていることを考慮すると、旧日本軍には老兵の将軍が多かったと言える。米軍の定年は、大将、中将、少将ともに64歳、韓国軍の場合は、大将が63歳、中将が61歳、少将が59歳となっている[36]。

将補の定年は60歳だが、実際には57歳で勧奨退職になるケースが多い[37]。代わりに、特別昇任という制度がある。たとえば、一佐を退職日に将補へ一階級昇任させる制度

（35）Q45、46参照。
（36）定年に関するデータは、防衛省『平成27年執務参考資料集』による。
（37）防衛省『防衛力の人的側面についての抜本的改革報告書』２００７年。

で、俗に〝営門将補〟(38)〝営門一佐〟などと呼ばれる。階級が上がれば俸給も上がり、年金受給額にも反映される。

一佐の定年は56歳である。旧日本陸軍の大佐は55歳、旧日本海軍の大佐は54歳だった。米軍の大佐は62歳、韓国軍の大佐は56歳だ。米軍の定年は、一定の階級以上に関してはかなり高い。

二佐と三佐の定年は55歳である。旧日本陸軍では中佐が53歳、少佐が50歳、旧日本海軍では中佐が50歳、少佐が47歳だった。旧日本軍では、陸軍より海軍の定年が早い。海上勤務は陸上勤務よりもきついからだろうか。

一尉、二尉、三尉、准尉、曹長、一曹の定年は54歳である。旧日本陸軍では大尉が50歳、中尉と少尉が46歳、准尉と曹長が40歳、旧日本海軍では大尉が45歳、中尉と少尉が40歳、准尉が48歳、曹長が40歳となっていた。

米軍の場合、曹長以下は年齢ではなく、勤続年数による制限が設けられている。たとえば、海軍では曹長の勤続年数は24年までだ。年齢にかかわらず、24年間勤務すれば退職しなければならない。

二曹と三曹の定年は53歳である。旧日本軍では、陸軍、海軍ともに軍曹と伍長の定年は40歳だった。

このように、自衛官の多くは子どもの養育費が必要な年齢で退職しなければならない。ここが自衛官という職業のデメリットである。

(38) 基地の出入り口を指す。

Q12 再就職の支援システムについて教えてください。

Q11で述べたように、自衛官の定年は早い。そのため、定年退職後、民間企業などに再就職しなければならない。再就職斡旋のことを自衛隊では「援護」と呼ぶ。

通常、他の役所や民間企業では、定年退職者の再就職までは面倒を見てくれない（高級官僚の天下りは別）。しかし、自衛隊では援護システムが整っている。自ら求人情報を集め、再就職先を開拓しているのだ。退職者に対する教育や職業訓練も実施している。

そのために設置されているのが、防衛省にある自衛隊地方協力本部の援護課だ。陸上自衛隊の駐屯地には「駐屯地地域援護センター」が、海上自衛隊の基地には「就職援護室」が、航空自衛隊の基地には、「基地援護室」が設置されている（陸上自衛隊は駐屯地と言い、海上自衛隊、航空自衛隊は基地と言う）。援護の担当者は約1400人にも及ぶ。(39)

そして、各地に自衛隊退職者雇用協議会といった協力企業の団体を組織している。雇用協力企業は約1万3000社だ。(40) ただし、職業安定法により、自衛隊が直接、ハ

(39) 防衛省『防衛力の人的側面についての抜本的改革報告書』2007年。数は変わっている可能性があるが、構造的な部分は現在も変わらない。
(40) (39)に同じ。

ローワークのようなことをやるわけにはいかない。そこで、一般財団法人自衛隊援護協会という〝トンネル団体〟を組織している。自衛隊は再就職を希望する隊員を自衛隊援護協会に取り次ぎ、自衛隊援護協会が無料で退職自衛官と企業をマッチングさせる。自衛隊援護協会の職員は76人である。

また、東京都、神奈川県、千葉県、埼玉県、愛知県の任期制自衛官の再就職斡旋に関しては、（株）パソナキャリアカンパニー（２０１６年末までに退職予定の者）とマンパワーグループ（株）（２０１７年以降に退職予定の者）に委託されている。委託経費は防衛関係費から支出される。[41]

退職予定の自衛官に対する教育や職業訓練には、次のようなものがある。

①職業適性検査（適性に応じた進路指導などを行うための検査）
②技能訓練（大型自動車、大型特殊自動車、情報処理技術、クレーン車、自動車整備士、ボイラー技士、介護士などの免許・資格を取得させる）
③防災・危機管理教育（防災行政の仕組みと国民保護計画などの専門的知識を付与する）
④通信教育（社会保険労務士、宅地建物取引士などの資格を取得させる）
⑤業務管理教育（再就職および退職後の生活の安定を図るために必要な知識を付与する）
⑥就職補導教育（職業選択の知識および再就職にあたっての心構えを教育）
⑦進路相談などの部外委託（個々のニーズに沿って部外の専門家に委託）

まさに至れり尽くせりである。一方、中途退職者に対する援護はない。

（41）Ｑ７参照。

Q13

どんなところに再就職するのですか？ 退職自衛官は企業に人気がありますか？

２０１５年度に定年退職した自衛官のうち再就職を希望した者は４６１４人だった。これに対して求人数は2万４７２６人で、求人倍率は5・36倍である。２０１５年度に任期満了で退職した任期制自衛官で再就職を希望した者は１６６０人だった。これに対して求人数は3万４３５５人で、求人倍率は20・7倍だった。(42)

別の統計も見てみよう。２０１３年度に退職した自衛官（将・将補を除く定年退職者と任期満了の退職者の合計）は７８８３人で、そのうち就職援護を希望した者は５８９０人。就職決定者は５７４７人だから、就職決定率は97・6％と高い。２０１２年度は96・6％、11年度は95・5％だ。(43)

厚生労働省によると、２０１６年10月の有効求人倍率は１・４倍である。これと比べると、退職自衛官には人気があり、需要が高いように見える。では、どのような業種に再就職しているのであろうか。

２０１３年度に自衛隊の援護を受けて再就職した定年退職自衛官のうち50％が、サービス業に就職している。その中では警備会社が多いようだ。次が金融・保険・不

（42）一般財団法人自衛隊援護協会「平成27年度事業報告」。

（43）防衛省『平成27年執務参考資料集』。自衛隊の援護を受けないで再就職した者は含まれない。

動産業で、割合は13％。保険会社の場合は、損害調査業務に就く者が多いとされている。不動産管理会社の場合は、警備業務が多いようだ。この２業種に続くのが運輸通信・電気ガス業、製造業、公務団体だ。

また、２０１３年度に任期満了で退職した自衛官の場合、再就職先は多い順に、サービス業、運輸通信・電気ガス業、製造業、建設業、卸売小売業となっている。[44] 業種と会社を選ばなければ、再就職に困ることはなさそうだ。民間の景気が回復すれば、その傾向は強まる（逆に自衛官の募集は困難になる）。

問題は再就職先の労働条件である。自衛官に限らず、定年後の再就職・再雇用では大幅に収入が下がる。防衛省が作成した「引退後の生活シミュレーション」という資料によると、一佐で56歳で退職し、再就職した場合の年収は６６２万円、曹長で54歳で退職し、再就職した場合の年収は２４０万円である。[45] 一佐まで昇進すれば、定年後もまずまずの収入を得られるようだが、曹長で退職した場合の収入はかなり少ない。[46]

数はまだ多くないものの、幹部自衛官の再就職先として近年注目されているのが、自治体の防災・危機管理職である。沖縄県を除くすべての都道府県庁に、元幹部自衛官が防災・危機管理職として採用されている。多いのは静岡県庁６名、長崎県庁５名、宮崎県庁５名、東京都庁４名で、合計人数は82名である。市町村に防災・危機管理職として採用された者は２８６名である。[47]

（44）（43）に同じ。
（45）防衛省『防衛力の人的側面についての抜本的改革報告書』２００７年。この年収は平均値ではなく、例示である。
（46）現職自衛官の収入についてはＱ28参照。
（47）陸上自衛隊「退職自衛官雇用ガイド」。人数は２０１５年末現在。

Q14 自衛隊の高級幹部は、どのくらい防衛産業に天下りしているのですか？

防衛省に限らず、高級官僚は退職後、顧問などの肩書で企業に天下りするのが慣例だ。一佐以上の高級幹部自衛官も、防衛産業に天下りしている。ただし、希望者全員が天下りできるわけではない。

防衛省の資料(48)をもとに、2014年度の調達実績(49)上位7社に対する、高級幹部自衛官(一佐以上)の2012～14年度の天下り人数を見てみよう(表6)。

調達実績1位は毎年、三菱重工業である。日本一の防衛企業だけあって、もっとも多数の天下りを受け入れている。3年間で22人にもなる。以下、天下り人数が多いのは三菱電機(調達実績5位)の13人、日本電気(調達実績3位)とIHI(調達実績6位)の11人だ。

なお、調達実績4位のANAホールディングスは、2014年度に次期特別輸送機(政府専用機)(50)を受注したため4位にランクされたが、これは同年度だけの特異現象である。同社は民間航空会社であって、防衛産業ではない。天下りの自衛官もいない。

彼らの肩書は、大半が顧問である。防衛企業の顧問には、これといった仕事はない。

(48) 防衛省の衆議院予算委員会提出資料「2014年度調達実績にもとづく契約高上位20社への一佐以上の退職自衛官の就職状況について、退職時の階級及び就職企業名と就職年月」。この資料に示されているのは、2012～14年度の就職者数だけで、それ以前の数は不明。また、人数に文官は含まれていない。

(49) 民間企業から兵器、食材、燃料、被服など自衛隊で使用する物品を購入すること。

表６　高級幹部自衛官の調達実績上位７社（2014 年度）への天下り人数

順位	調達実績と企業名	2014 年度	2013 年度	2012 年度
1	三菱重工業	将補３、一佐１	将２、将補５、一佐２	将２、将補２、一佐５
2	川崎重工業	将１、一佐１	なし	一佐１
3	日本電気（NEC）	将補１、一佐２	将補４、一佐２	将１、一佐１
4	ANA ホールディングス	なし	なし	なし
5	三菱電機	将２、将補３、一佐３	将１、将補１、一佐３	なし
6	IHI	将１、将補１	将３、将補１、一佐１	将補３、一佐１
7	富士通	将補４、一佐１	将１、将補１、一佐１	将１、将補１

自衛隊退職後は、それまでの忙しい生活とは打って変わって暇になる。給料もかなり減るはずだ。だが、企業は慈善事業として天下りを容認しているわけではもちろんない。防衛省との関係維持のために天下りを受け入れている。言うまでもなく、官と民の癒着である。

なお、退職した元高級幹部自衛官には、隊友会などの防衛省外郭団体の役員（無給）となり、ボランティア活動に励む人が多い。

(50) 要人輸送などに使用される航空機で、軍用機とは言えない。ただし、防衛関係費で調達されており、パイロットや客室乗務員も航空自衛官である。

Q15 予備自衛官って何ですか？

ふだんは会社員などとして働きながら（学生もいる）、有事（外国から武力攻撃を受けたとき）や大規模な災害派遣時に召集され、自衛官として勤務する者を指す。他国軍では、予備役（リザーブ）と呼ばれる。これまでの召集例は東日本大震災の際だけだ。

ただし、必ずしも全員が召集されるわけではない。勤務先との調整が必要なので、東日本大震災の際も事前に本人の意向を確認したうえで、招集令書が交付された。治安出動(51)や海外での任務には招集されない。

予備自衛官になれる者は、自衛官として1年以上勤務した者または予備自衛官補(52)を経て予備自衛官に任用された者である。もちろん志願制だ。

予備自衛官は有事に第一線で戦うのではなく、駐屯地の警備などに就くことになっている。採用時の年齢制限があり、士長以下の階級で退職した者は37歳未満、三曹以上二佐以下の階級で退職した者は当該階級に2年を加えた年齢未満（たとえば、一尉で退職した者の場合、定年が54歳だから、応募できるのは56歳未満になる）である。定年退職自衛官は比較的高齢なので、自衛隊としては任期制自衛官(53)が退職と同時に予備自衛官

(51) 警察では対処できない暴徒を鎮圧すること。
(52) Q17参照。
(53) Q7参照。

になってくれるのが望ましい。一佐以上の階級で退職した者は応募できない。また、月額４０００円の手当が支給される。

予備自衛官の主力は陸上自衛官で、２０１４年度の場合、定員４万７９００人のうち4万６０００人を占める（海上自衛官は１１００人、航空自衛官は８００人）。それに対して、現員（実際にいる者）は３万２３９６人（陸上自衛官3万１２７４人、海上自衛官５６１人、航空自衛官５６１人）で、充足率は67・６％である(54)。

一般に、予備役は現役と同じぐらいの数が必要とされる。有事になれば、大量に死傷者が出るため、それを予備役で補うわけだ。自衛隊の場合、予備自衛官の定員が少ないだけでなく、充足率も低い。

予備自衛官の訓練は自衛隊法上、年間20日以内とされているが、実際の訓練は年間5日と短い。しかも、2日と3日のように分割参加でもよい。訓練では、体力検定、部隊長の講話（自衛隊では精神教育と称している）、射撃訓練などが行われる。もっとも、訓練参加者の目当ては夜の宴会である。訓練招集手当は1日８１００円だ。

年間わずか5日の訓練では、自衛官としての技量は維持できず、有事の戦力としてはまったく期待できない。訓練は現役時の部隊で行われるので、訓練招集は部隊の同窓会に行くようなものだ。最近3年間の出頭率は２０１３年度87・３％、12年度86・7％、11年度85・０％といった状況である(55)。

予備自衛官制度はほぼ破綻していると言っても、過言ではなかろう。

(54)『防衛ハンドブック２０１６』。
(55) 防衛省『平成27年執務参考資料集』。

Q16

即応予備自衛官という制度もあるそうですが、予備自衛官とはどう違うのですか？

予備自衛官より訓練日数が多く、能力の高い予備自衛官を即応予備自衛官と呼ぶ。

1995年に改定された「防衛計画の大綱(56)」で、陸上自衛隊の定員は18万人から14万5000人に削減された。これは実際にいる陸上自衛官の人数に合わせただけであるが、既得権益を脅かされる陸上自衛隊の抵抗が強かった。そこで定員削減の代わりに、即応予備自衛官（定員1万5000人）という制度を新たに設けることで、なんとか納得させた。海上自衛隊と航空自衛隊には、即応予備自衛官はいない。

即応予備自衛官の応募資格は1年以上自衛官として勤務し、退職後1年未満の者か、すでに予備自衛官になっている者である。即応予備自衛官の多くは、予備自衛官からの格上げによるようだ。

採用時の年齢は、陸士長以下で退職した者は32歳未満。三曹～二尉の階級で退職した者は当該階級の定年から3歳を減じた年齢。だから、定年よりも3年以上前に退職した者でないと、即応予備自衛官に応募できない。必然的に任期制自衛官として任期満了で退職した若手が、即応予備自衛官の中心になる。

（56）防衛力整備の基本計画を定めた重要文書で、不定期に改定される。

即応予備自衛官の任務は、予備自衛官よりも多い。防衛出動命令[57]が発令された際の招集や災害派遣の出動だけでなく、治安出動命令が発令された際の招集もある。海外への派遣は想定されていない。

予備自衛官と同様に、これまでの召集例は東日本大震災のときだけである。即応予備自衛官もふだんは民間会社などで働いているので、勤務先との調整を経たうえで、招集令書が交付された。

「即応」という名称がついているように、即応予備自衛官は予備自衛官よりも高い練度（能力）を期待される。したがって、年間訓練日数は30日とされ、予備自衛官とは異なり、実行されている。１回あたりの訓練日数は２～４日でもよい。

訓練内容は射撃、体育、職種[58]別訓練、精神教育（部隊長などの講話）に16日、小規模な部隊での攻撃および防御の訓練に14日となっている。もちろん宴会もある。

即応予備自衛官手当は月額１万６０００円で、訓練招集手当は日額１万４００～１万４２００円。即応予備自衛官を雇用している企業には、年額51万円の給付金が支給される。しかし、会社員が年間30日も訓練に出頭するのは困難である。

そのため、即応予備自衛官の応募者は少なく、２００４年に改定された「防衛計画の大綱」で、定数は７０００人に削減された。２０１５年３月現在、現員は４８７５人だ[59]。即応予備自衛官制度も、なかば破綻している。

（57）日本を武力攻撃した敵と戦うこと、ないしそのための即応態勢をとること。

（58）普通科（歩兵）、機甲科（戦車）、特科（砲兵）、通信科、施設科（工兵）、輸送科などの専門分野を指す。民間会社で言うと、総務、経理、営業、企画、研究開発、製造などの区分に相当するだろう。

（59）『防衛ハンドブック２０１６』。

Q17 予備自衛官補という制度も、あるのですね？

予備自衛官や即応予備自衛官への応募者が増えないため、防衛省は苦肉の策として２００２年に、自衛官を経験したことのない者まで予備自衛官になれる制度を発足させた。これが予備自衛官補で、予備自衛官候補者という意味である。

予備自衛官補は「一般」と「技能」に区分されている。予備自衛官や即応予備自衛官のような月額手当はない。

「一般」は特別な技能を有しない者で、予備自衛官として採用され、防衛出動命令を発令された場合は、後方地域での警備要員や後方支援（武器の整備、輸送、補給、医療）などに従事する。応募時の年齢制限は18歳以上34歳未満だ。

「技能」は特別な技術や能力を有する者で、次のような職種が対象となる。

①医療従事者（医師、歯科医師、薬剤師、理学療法士、臨床検査技師、看護師など）
②語学（英語、ロシア語、朝鮮語、中国語、アラビア語、フランス語、ポルトガル語など）
③情報処理（システム・アナリスト、プロジェクト・マネージャーなど）
④通信（第一級総合無線通信士、第一級陸上無線技術士など）

⑤電気（電気主任技術者）
⑥土木（一級建築士、測量士、木造建築士、土木施工管理技士、管工事施工管理技士など）
⑦整備（自動車整備士）
⑧放射線管理（放射線取扱主任者）

「技能」で採用された予備自衛官補が予備自衛官になり、防衛出動命令を受けた場合は、後方地域で技能を活かした職務に従事する。「一般」「技能」ともに、予備自衛官補である間は、防衛出動や災害派遣に召集されない。

「一般」の場合、３年以内に50日間の訓練を受ければ、予備自衛官になれる。訓練内容は後方地域の警備に必要な知識や技能で、自衛官候補生(60)の訓練とほぼ同様だ。「技能」の場合は、２年以内に10日間の訓練を受ければ、予備自衛官になれる。語学など自らの技能を自衛隊で活かせばいいのだから、訓練日数は少なくてよい。訓練に出頭したときには、日額７９００円の手当が出る。

２０１４年12月末現在、予備自衛官補の人数は３５７４人（「一般」３３５０人、「技能」２２４人）である。２０１３年度の志願者は５４５８人で、合格者は２４８６人だった。採用された者が訓練終了後、そのまま予備自衛官になるとは限らない。訓練期間の途中で辞める者もいるし、訓練を終了しても予備自衛官にならない者もいる。予備自衛官になった者は、２０１３年度５５６人、14年度（12月末現在）２４３人にすぎない(61)。

(60)　Ｑ７参照。
(61)　防衛省『平成27年執務参考資料集』。

Q18 スポーツ選手が所属している自衛隊体育学校は、どういうところですか？　所属選手は仕事をしているのですか？

東京オリンピック（1964年）の開催が決定した後の1961年に、オリンピックでメダルを獲得できる選手の養成機関として発足。東京オリンピックの重量挙げで金メダルを獲得した三宅義信は、後に体育学校長（階級は陸将補）にまで昇進した。

体育学校は陸上自衛隊、海上自衛隊、航空自衛隊の共同機関として位置づけられている。選手は自衛官であるが、練習と試合が仕事であり、他の自衛官のような業務には従事しない。体育学校の選手はアマチュアだが、競技に専念できるという意味では、実質的にプロ選手と言える。定員は公表されていない。

体育学校の競技として採用されているのは、レスリング、ボクシング、柔道、射撃、アーチェリー、ウェイトリフティング（重量挙げ）、陸上、水泳、近代五種である。自衛隊らしく格闘技・武道や射撃に力を入れている。

体育学校の選手になるには、2つのコースがある。ひとつは大卒者（見込みの者を含む）対象で、応募資格は全日本選手権3位以内、全日本大学選手権3位以内、またはこれに準ずる成績。採用された場合、二曹の階級に指定され、競技成績によって順次昇進する。

もうひとつは高卒者（見込みの者を含む）対象で、応募資格は全国高等学校総合体育大会（インターハイ）８位以内、またはこれに準ずる成績。採用された場合、二士の階級に指定され、競技成績によって順次昇進する。(62)

２０１６年のリオ・オリンピックには、以下の９名が出場している。成松大介二等陸尉（ボクシング）、山下敏和三等陸佐（射撃）、森栄太三等空尉（射撃）、高尾宏明三等陸尉（重量挙げ）、荒井広宙三等陸尉（競歩）、谷井孝行三等空尉（競歩）、三口智也三等陸曹（近代五種）、岩元勝平三等陸曹（近代五種）、江原騎士二等陸曹（水泳）。

リオ・オリンピックには、体育学校のお家芸とも言えるレスリング選手の出場はないが、ロンドン・オリンピック（２０１２年）では、小原日登美一等陸尉と米満達弘三等陸尉が、金メダルを獲得した。

選手引退後は、監督・コーチとして体育学校に残る者もいるし、自衛隊の部隊における体育教官になる者もいる。他の自衛官と同じように国防任務に従事する者も多い。退職して、プロレスラーやプロボクサーになった者もいる。

体育学校には、部隊における体育、格闘技の指導者を養成するという使命もある。体育・格闘技指導者が学ぶ競技は、ラグビー、バレーボール、サッカー、持続走(63)、空手道、剣道、銃剣道、柔道、自衛隊徒手格闘（打撃と寝技の両方を有効とする総合格闘技）である。

(62) 体育学校のホームページに掲載されているパンフレットによる。

(63) 自衛隊では、持久走ではなく、持続走と呼んでいる。

Q19

自衛隊地方協力本部が市町村に対して、自衛官適齢者の名簿提供の要請をしているというのは本当ですか？　個人情報保護の点で、問題はないのでしょうか。

自衛隊地方協力本部（地本）が市町村に対して、自衛官適齢者名簿提供を求めるのは、自衛隊法に基づく行為なので、問題にはならない。また、国の機関への提供だから、個人情報保護法にも違反しない。

自衛隊法第97条（都道府県等が処理する事務）は、次のように地方自治体の義務を定めている。

「都道府県知事及び市町村長は、政令で定めるところにより、自衛官及び自衛官候補生[64]の募集に関する事務の一部を行う。

2　防衛大臣は、警察庁及び都道府県警察に対し、自衛官及び自衛官候補生の募集に関する事務の一部について協力を求めることができる。

3　第1項の規定により都道府県知事及び市町村長の行う事務ならびに前項の規定により都道府県警察の行う協力に対する経費は、国庫の負担とする」

また、自衛隊法施行令第120条（報告又は資料の提出）は、こう規定している。

「防衛大臣は、自衛官又は自衛官候補生の募集に関し必要があると認めるときは、

(64)　Q7参照。

都道府県知事又は市町村長に対し、必要な報告又は資料の提出を求めることができる」

法令にこのような規定があるので、地方自治体は地本の要求を拒めない。地本は自治体から提供された適齢者名簿を見て、自衛隊のパンフレットを郵送している。パンフレットを見た者から反応があれば、さっそく地本の募集担当者が勧誘に行く。

ちなみに、自衛隊法第97条の２は警察への自衛官応募者の身元調査依頼を意味している。

そのほか、自衛隊法施行令に基づいて、自治体は自衛官候補生志願者の受付や応募資格の確認、試験会場の提供、自衛官募集に関する広報宣伝も実施しなければならない。だが、実際にやっているのは自衛官募集のポスターを配布するぐらいだろう。自治体は自衛隊員の募集に非協力的である。ただし、１９９５年の阪神・淡路大震災以降、防災面での自治体と自衛隊の協力は進んでいる。

１９７０年代には、沖縄県那覇市や東京都立川市で自衛隊員の住民登録を拒否するという事態も発生した。沖縄県では、労働組合などが自衛隊員の成人式出席も妨害していた。その背景には、自衛隊違憲論がある。自衛隊は憲法違反の存在だから、自衛隊員も憲法違反の存在、すなわち存在すべきではない者であるとされていたのだ。

しかし、自衛隊が違憲の存在であっても、個々の隊員の人権まで否定されるべきではない。外国人の非正規滞在者にも労働法が適用されるように、合法・非合法を問わず、すべての人の人権を守らなければならない。

Q20 自衛隊のいじめ問題が報道されました。その実情を教えてください。

自衛隊でもいじめによる自殺が発生している。たとえば、2004年10月、横須賀を母港とする護衛艦「たちかぜ」の乗員である士長が、上官である二等海曹のいじめにより自殺した。この事件で自衛隊は当初、いじめを自殺の原因と認めなかった。そのため、士長の遺族は真相究明を求めて、防衛省を提訴。防衛省は情報を隠蔽しようとしたが、海上自衛隊三佐の内部告発により、2014年10月、東京高裁は原告勝利の判決を下した。防衛省は上訴せず、河野克俊・海幕長が遺族に謝罪[65]。自殺した士長は殉職と認められた[66]。

この判決を受けて、防衛省はようやく2016年、「防衛省におけるいじめ等の防止に関する検討委員会」を発足させた。では、自衛隊でいじめはどのぐらい発生しているのだろうか。

陸上自衛隊では二年に一度、「一般実態調査」という隊員の意識調査を実施している。その中に「あなたの部隊等における『いじめ』の現状について答えてください」(2011年)という質問がある。

(65) 事件の詳細は以下を参照。「たちかぜ」裁判を支える会編『息子の生きた証しを求めて』社会評論社、2015年。大島千佳・NNNドキュメント取材班『自衛隊の闇』河出書房新社、2016年。

(66)『朝雲』2015年10月22日。

その結果は、「全くないと思う」が29・7％、「確認していないが、ないと思う」が43・6％、「確認していないが、あると思う」が14・3％、「あると思う」が3・3％、「分からない」が9・1％だった。これだけでは、自衛隊でいじめが多いかどうか判断できない。だが、階級別のアンケート結果を見ると、興味深い事実が判明する。

佐官の場合、「確認していないが、あると思う」と答えた者は14・5％、「あると思う」と回答した者は2・8％。尉官や准尉・曹の回答も、ほぼ同様の結果になっている。ところが、士の回答では、「確認していないが、あると思う」が20％、「あると思う」が6・2％となっている。つまり、階級の低い者のほうがいじめの存在を認識しているということだ。

「どのようないじめがありますか」という質問に対しては、「言葉によるいじめ」が48・6％、「暴力によるいじめ」が18・8％、「仲間外れにする」が13％、「私用に使う」が12％、「その他」が7・6％だ。この設問でも、士では「暴力によるいじめ」と回答した者が28・4％もおり、全体と比べて約10ポイント高い。ここからも、上官の認識とのギャップがよくわかる。(67)

また、自衛隊員による暴行、傷害、脅迫事件は、たくさん発生している。2014年に暴行容疑で検挙された自衛隊員は85人、傷害容疑者は65人、脅迫容疑者は15人だ。さらに、殺人で2人、強盗で1人、放火で2人、強姦で8人検挙されている。(68)ただし、この数字が他の組織より多いのかどうかは不明である。

(67) 陸上幕僚監部『平成23年度一般実態調査』(内部文書)。
(68) 防衛省の衆議院予算委員会提出資料、2016年。

Q21

セクハラの報道もありました。実態を教えてください。

自衛隊のセクハラ事案はたくさんある。防衛省は1998年と2008年に、セクハラに関する実態調査(69)を行っている。自衛隊の女性職員に対してセクハラ経験を訪ねた項目から、「経験した」と答えた割合を紹介しよう(カッコ内が1998年)。

①性的関係の強要　3・4%(18・7%)
②性的内容の電話・手紙等　7・0%(21・0%)
③わざとさわる　20・3%(59・8%)
④性的魅力をアピールする服装・振る舞い(70)　6・4%(17・4%)
⑤性的なからかい・冗談等　23・9%(64・4%)
⑥女性ということでお酌を強要　20・3%(59・3%)
⑦女性ということでお茶くみ、後片付け、私用等を強制　26・8%(52・5%)
⑧他人がセクハラを受けるのを見て不快になった　25・4%(55・8%)
⑨裸・水着のポスター掲示　9・0%(45・0%)
⑩性的な噂を流す　9・1%(27・8%)

(69)「防衛省職員セクシャルハラスメント調査結果」2009年。回答者数は記載されていない。

(70) ひわいな動作をする行為と推測される。

⑪容姿・年齢・結婚等を話題にする　29・9％(58・9％)
⑫食事などへの執拗な誘い　14・8％(43・6％)
⑬カラオケでのデュエットの強要　13・4％(46・9％)。
⑭後をつける・私生活の侵害、すなわちストーカー行為　5・7％(18・2％)
⑮強姦・暴行(未遂を含む)　1・5％(7・4％)

最後の2項目は犯罪であって、セクハラの範囲を超える。２００８年は１９９８年より減っているとはいえ、18人にひとりがストーカー行為を受けているというのは、ひどすぎる。

数は少ないが、男性もセクハラの被害をこうむっている。前記と同じ調査結果によると、「経験した」と答えた男性職員の割合は以下のとおりだ。

①性的関係の強要0・2％(1・4％)、②性的内容の電話・手紙等0・3％(3・3％)、③わざとさわる2・6％(6・9％)、④性的魅力をアピールする服装・振る舞い2・4％(7・7％)、⑤性的なからかい・冗談等4・9％(21・6％)、⑥後をつける・私生活の侵害0・8％(3・4％)、⑦強姦・暴行(未遂を含む)0・3％(0・7％)

自衛隊の部隊にもセクハラ相談員が指定されているが、女性で相談員を活用した者は4％、男性では1％にすぎない。セクハラ相談員制度は機能していないようだ。

なお、米軍では、セクシャル・アサルト(未遂を含む強姦行為)が毎日のように発生しており、大きな問題になっている。

Q22 自衛隊では法律、教養、戦史などについての教育は行われているのですか？

防衛大学校、防衛研究所、幹部学校などで行われている。

防衛大学校では、すべての専攻に共通する教養教育（一般大学の教養課程）で、欧米史研究、日本・アジア史研究、哲学研究、中国思想研究、近代文学史、領域国際法、現代社会と法、戦争と国際法、太平洋戦争への道といった科目（選択）がある。人文・社会科学専攻では、戦後史と防衛大学校、近現代史概説が必修科目で、理工学専攻においても、憲法と国際法は必修課目だ(71)。

一佐クラスの幹部自衛官や課長補佐クラスの事務官になると、防衛研究所で学ぶ機会がある。防衛研究所の一般課程の教育内容は幅広い。国際安全保障論、戦略理論、米国の安全保障政策、東アジアの安全保障、法と安全保障、戦争史原論、冷戦と日本の安全保障政策、経済と安全保障、紛争と国際社会、地域安全保障、科学技術と安全保障、近代日本の軍事史、サイバーと安全保障、日本の防衛などの科目を学ぶ。

防衛研究所で学ぶ研修員は、研究論文を発表しなければならない。通常の人事異動と同様に、研修員は本人の希望を聞いたうえで、自衛隊が組織として任命する。研修

（71）防衛大学校のホームページによる。

期間は10カ月（定員は不明）。研修員には、防衛省以外の省庁や自治体の課長補佐クラスもいる。外国軍の留学生も受け入れており、マスコミや民間企業の参加枠もある。(72)

陸上自衛隊幹部学校、海上自衛隊幹部学校、航空自衛隊幹部学校にも幹部高級課程があり、安全保障に関して幅広い知識を学ぶ機会がある。

では、教官のレベルはどの程度であろうか。どのような教育研究機関でも、優秀な人と研究業績の乏しい人が混ざっている。そのため、特定の機関のレベルを判断することは難しいのだが、防衛省・自衛隊関係の研究者（社会科学系に限る）の論文を読んで総合的に判断すると、防衛大学校の社会科学系研究者のレベルは比較的高いと言えよう。一方、幹部自衛官を中心とする防衛学研究者のレベルには疑問符がつく。研究者を目指す自衛官はきわめて少なく、たまたま防衛大学校の教員に配属されたという人が多いからだ。

防衛研究所は日本で最高の安全保障研究機関である。若手研究者を育成するシステムもある。ただし、防衛政策研究、地域研究、戦史研究が中心で、軍事学的な色合いはやや薄い。自衛隊の研究論文誌を見ると、海上自衛隊幹部学校が２０１１年から発行し始めた『海幹校戦略研究』は比較的読み応えがある。ホームページに掲載して誰でも読めるようにしている点も、好感が持てる。読者を関係者に限定しないで、〝他流試合〟を挑まないと研究のレベルも上がらない。航空自衛隊幹部学校も『エアパワー研究』の刊行を開始したが、いまのところおそまつなレベルと言わざるを得ない。(73)

（72）防衛研究所のホームページによる。

（73）このほか、陸上自衛隊の部内誌『陸戦研究』、海上自衛隊の部内誌『波濤』、航空自衛隊の部内誌『鵬友』があるが、現職の自衛隊員とＯＢ・ＯＧ以外は購読できない。国立国会図書館には納本されている。

Q23

自衛隊や防衛大学校には、サークルやクラブ活動はあるのですか？

防衛大学校（防大）では、運動部を中心にさまざまなクラブがある。部隊でもクラブ・サークル活動が行われている。

防大には、運動部だけでなく文化系のクラブもあるが、学生は全員運動部に加入しなければならない。体力を要する自衛隊ならではの規則である。防大生のなかには、入学時に泳げない者もいるが、1年生の夏までには泳げるようになるという。

防大の運動部は次のとおりで、かなり多い。柔道、剣道、空手道、銃剣道、合気道、相撲、居合道、弓道、少林寺拳法、バスケットボール、ラグビー、サッカー、バレーボール、卓球、陸上競技、テニス、野球、射撃、水泳、水球、ハンドボール、アメリカンフットボール、ソフトテニス、ボクシング、レスリング、フィールドホッケー、準硬式野球、体操、フェンシング、ウェイトリフティング、バドミントン、ボート、ヨット、山岳、ワンダーフォーゲル、グライダー、パラシュート、自転車。

このうち、銃剣道、射撃、パラシュートは防大ならではであろう。こうしたクラブは一般大学のリーグに加盟して、一般大学と対戦している。ちなみに、文化部には、

吹奏楽、写真映画研究、弁論、国際関係論研究、軍事史研究、茶道、英会話、棋道、音楽、軽音楽、古典ギターがある。(74)

部隊では、武道系や陸上競技（長距離）などのクラブが盛んなようだ。有名なのは、陸上自衛隊滝ケ原駐屯地（静岡県御殿場市）の駅伝チームであろう。彼らは、2016年元旦にテレビ中継された全日本実業団対抗駅伝競走大会（ニューイヤー駅伝）に、「御殿場滝ケ原自衛隊」の名称で出場している。陸上自衛隊高田駐屯地（新潟県上越市）の駅伝チームもニューイヤー駅伝に出場したことがある。自衛隊（とくに陸上自衛隊）では持続走に力を入れており、大会に備えて、一定期間持続走の訓練に専念する隊員もいる。

サッカー、ラグビー、バレーボール、剣道、柔道、銃剣道、拳法などでは、自衛隊内の全国大会も開催される。駐屯地内での部隊対抗試合も盛んだ。

一般に、自衛隊のクラブは勤務時間後に活動するわけだから、練習時間は限られている。精鋭として知られる陸上自衛隊第一空挺団の拳法部の場合、練習は週2回（1回2時間）となっている。自衛隊の準機関紙『朝雲』（2016年8月11日）に、航空自衛隊横田基地の自衛隊拳法部を紹介する記事が掲載されていた。それによると、部員は32人で、週2回（1回2時間）練習しているという。

若手幹部自衛官の場合、何らかの武道・スポーツを習得していないと、部下になめられるおそれがある。

(74) 防衛大学校のホームページによる。

Q24

自衛官の国防意識は高いのですか?

自衛隊法施行規則第39条によると、自衛隊員[75]になった者は、次のような宣誓書に署名捺印し、「服務の宣誓」を行わなければならない。

「私は、我が国の平和と独立を守る自衛隊の使命を自覚し、日本国憲法及び法令を遵守し、一致団結、厳正な規律を保持し、常に徳操を養い、人格を尊重し、心身を鍛え、技能を磨き、政治的活動に関与せず、強い責任感をもって専心職務の遂行に当たり、事[76]に臨んでは危険を顧みず、身をもって責務の完遂に務め、もって国民の負託にこたえることを誓います」

「事に臨んでは危険を顧みず」と誓いはするが、その自覚を持っている者はどの程度いるのだろうか。

陸上自衛隊の『平成23年度一般実態調査』の中に、「服務の宣誓の中に、『事に臨んでは危険を顧みず、身をもって責務の完遂』に務め……とありますが、実際に防衛出動を命じられた場合のあなたの心構えは、次のうちどれですか」という質問がある。回答結果を紹介しよう(事務官なども回答している)。

(75) 自衛官だけでなく、文官も含まれる。

(76) 「事」とは、有事(日本が外国から武力攻撃を受けた時)を意味する。

自衛官の回答者全体では、「進んで任務を遂行する」が71・７％、「やむを得ず命令に従う」が13・９％、「その時にならないとわからない」が13・５％、「できれば退職したい」が０・９％となっている。

階級別にみると、佐官の場合、「進んで任務を遂行する」が92・８％、「やむを得ず命令に従う」が４・５％、「その時にならないとわからない」が２・４％、「できれば退職したい」が０・３％。尉官の回答もほぼ同様である。

ところが、准尉・曹になると、「進んで任務を遂行する」は73・３％と20ポイントも下がり、「やむを得ず命令に従う」が14・２％、「その時にならないとわからない」が12％、「できれば退職したい」が０・５％だ。

そして、有事に最前線で戦う士になると、「進んで任務を遂行する」が54・９％にまで下がる。「やむを得ず命令に従う」は20％、「その時にならないとわからない」が22％、「できれば退職したい」は３・１％となっている。ＷＡＣ(77)の場合は、「進んで任務を遂行する」が56・８％、「やむを得ず命令に従う」が13・４％、「その時にならないとわからない」が28・４％、「できれば退職したい」が１・４％である。

このアンケート結果を見ると、全体的には自衛官の国防意識は高いと言えるかもしれないが、平時の調査なので割り引いて考える必要がある。しかも、階級が下がれば下がるほど（危険な任務に従事する可能性が高いほど）、「事に臨んでは危険を顧みず」戦えるかどうか怪しくなる。人間誰しも命が惜しいのだから、当然であろう。

（77）Women's Army Corps の略で、女性の陸上自衛官を指す。陸上自衛隊ではＷＡＣという略称が広く使用されている。

Q25 自衛隊ではどんな資格が取れるのですか？

自衛隊ではさまざまな資格を取得できる。それが自衛官募集の際の〝売り〟になっている。ただし、希望すればなんでも取らせてくれるわけではない。職務上必要な資格を取らせてくれるだけだ。在職中に再就職に有利な資格を取得しようとすれば、その資格を必要とする職種に配属される必要がある。配属は、本人の希望と能力、職種別の必要人数に応じて、組織が決定する。

自衛隊は任務内容に応じて、さまざまな職種に分かれている。陸上自衛隊の場合、普通科（歩兵）、機甲科（戦車）、野戦特科（砲兵）、高射特科（対空砲）、航空科（ヘリ）、施設科（工兵）、通信科、武器科（武器の整備）、需品科（食料、燃料、被服などの補給・整備）、輸送科、会計科、衛生科、警務科（自衛隊内の警察）、化学科（化学兵器防護）、音楽科、情報科がある。

陸上自衛隊では、普通科、機甲科、野戦特科、高射特科が花形職種とされるが、再就職の面では輸送科が有利であろう。輸送科隊員の多くは車両の運転手なのだから、大型運転免許、牽引運転免許(78)などが必要になる。そのため、仕事の一環として、これ

（78）車両の後ろに別の車両を連結させて、その車両を引っ張りながら運転できる免許。

らの免許を取得するための講習を受けられる。

施設科も再就職に有利な職種と言えよう。施設科は戦場で橋を架けたり、地雷を爆破処理することなどを任務とするが、道路工事や建設工事も実施できる。そのため、電気工事士、測量士、建築士などの資格を取得できる。

通信科では、各種無線通信士、特殊無線技士などの資格を得られる。会計科では、税理士、簿記などの資格を取得できる。武器科では、危険物取扱主任、火薬類取扱保安責任者等の資格を取得できる。戦闘職種の機甲科でも、戦車を運転するには大型運転免許と特殊車両運転免許が必要になる[79]。

海上自衛隊や航空自衛隊でも、任務に応じて必要な資格を取得できる。これらの資格取得はあくまでも自衛隊の任務遂行のためで、再就職のためではない。とはいえ、資格取得のために必要な費用は自衛隊が負担してくれる。もちろん、試験に合格しなければ資格は得られない。

定年退職自衛官に対しては、自衛隊援護協会[80]が再就職に有利となる通信教育をあっせんしている。それには行政書士、社会保険労務士、マンション管理士、ビル管理技術者、宅地建物取引士、ファイナンシャルプランナー、ホームヘルパー、医療保険事務などがある。ただし、自衛隊援護協会は通信教育の費用の一部を負担してくれるだけだ。

(79) 自衛隊山梨地方協力本部ホームページの職種紹介欄。

(80) Q12参照。

Q26

自衛官は仕事と生活に満足していますか？

『平成23年度一般実態調査結果』に掲載されている質問をもとに、自衛官の仕事と生活に関する満足度を見てみよう。

①「あなたは、現在の生活についてどのような感じを持っていますか。それは次のうちどれですか」

「十分充実している」24・2％、「まあ充実している」58・7％、「余り充実していない」12・2％、「全く充実していない」2・6％、「わからない」2・3％。

この結果を見ると、多くの自衛官は現在の生活におおむね満足していると言える。しかし、士の回答では、「余り充実していない」が21％、「全く充実していない」が6・9％になっており、生活に不満を抱いている者が比較的多い。

②「あなたは、自衛隊員になったことについて、どのように思っていますか」

「誇りに思っている」39・8％、「自分の向上に役立っていると思っている」28・6％、「特に後悔はしていない」22・9％、「良いことは余りなく、後悔している」3・7％。「何とも思わない」5％。

この結果を見ると、ほとんどの者が自衛官になったことを後悔していない。ただし、士の回答では、「良いことは全くなく、後悔している」が10・9%とやや高い。

③「あなたが、現在、自衛隊生活を続けている最も大きな理由は、次のうちどれですか」

「身分が安定しているから」28・5%、「国防という重要な任務だから」20・5%、「仕事が面白く、やりがいがあるから」18・8%、「規律正しい生活や心身の鍛錬ができるから」12・2%、「給与等の処遇が良いから」9・5%、「ほかに適職がないから」7・4%、「技術が習得できるから」3・1%。

国家公務員という身分の安定度が、自衛官の最大の魅力のようだ。給与などの処遇を評価する者が少ないのは意外だった。

階級別に見ると、佐官では「国防という重要な任務だから」が42・1%、「仕事が面白く、やりがいがあるから」が30・7%となっており、「身分が安定しているから」は16・2%にすぎない。少し割合は下がるが、尉官も同様だ。

しかし、准尉・曹では、「国防という重要な任務だから」が20・3%と半減し、「身分が安定しているから」が31・1%と二倍近くになる。士では、「国防という重要な任務だから」が10%と、さらに半減する。「身分が安定しているから」は25・8%である。階級が下がるほど、生活のために働いているにすぎない、という意識が強くなるようだ。

Q27

自衛隊のメンタルヘルス対策は、どのように行われていますか?

他の役所や民間企業と同様に、自衛隊でもメンタルヘルス対策が重要な課題になっている。「平成23年度一般実態調査」でも、メンタルヘルスに関する質問が多い。「あなたは、今までに自殺を考えたことがありますか」に対する答えは、次のとおりである。

「自殺を企てたことがある」0・7%、「自殺をしようかと、かなり思い悩んだことがある」2・6%、「自殺をする気はなかったが、自殺ということがチラッと頭に浮かんだことがある」10・5%、「考えたことはない」86・2%となっている。

士に限ってみると、「自殺を企てたことがある」が1・1%、「自殺しようかと、かなり思い悩んだことがある」が4・4%、「自殺する気はなかったが、自殺ということがチラッと頭に浮かんだことがある」が14・2%となっており、自衛官の平均よりも多い。階級が低い者ほどいじめられる可能性が高いことと関係しているようだ。

自殺を意識したことがあると回答した者に対して、「それはどういう理由からですか」と尋ねた質問への答えは、次のようになっている。

「職務上の行き詰まり」25・5％、「将来に対する不安」22・7％、「職場内の上司、同僚等との人間関係」22・5％、「結婚、離婚等愛情関係」8・7％、「精神疾患等」5・7％、「両親、兄弟等肉親のこと」4・6％、「身体的な病気」3・3％、「子供のこと」1・9％、「体力の衰え」1・8％、「サラ金、借財等」1％、「その他」2・3％。

半数近くが職務上の悩みが原因だ。「職務上の行き詰まり」は抽象的な表現だが、上司から無理難題を押し付けられるということも含まれるだろう。「職務上の行き詰まり」と「職場内の上司、同僚等との人間関係」と回答した者の割合は尉官がもっとも多く、次いで佐官だった。責任が重くなるからか、幹部のほうが仕事上の悩みが多いようだ。

こうした状況に対して、どのような対策をとっているのだろうか。「あなたは、心の健康（メンタルヘルス）に関する教育（講話）を受けたことがありますか」という質問に対する答えは、「受けたことがある」が89・8％、「受けたことがない」が10・2％であった。「受けたことがある」と回答した者の割合は年々増えている（2005年は75・5％）。

もちろん、教育（講話）だけでは不十分なので、駐屯地・基地にカウンセラーを配置し、防衛省共済組合も「あなたのサポートダイヤル」という電話相談窓口を開設している。ただし、これらの対策が効果を発揮しているかどうかは、いまのところわからない。

第2章
自衛隊のカネ

Q28

自衛官の給与はどのくらいですか？

防衛省が作成した「自衛官モデル給与例」(1)によると、自衛隊員の中でもっとも給料が高いのは、文官のトップである事務次官と制服組のトップである統合幕僚長である（表7）。給与の面では、文官と制服組は対等なのである。

次に高額なのは、防衛大学校長と陸上幕僚長、海上幕僚長、航空幕僚長だ。(2)制服組で幕僚長に続くのが、陸上自衛隊の方面総監（5名）、海上自衛隊の自衛艦隊司令官と横須賀地方総監、航空自衛隊の航空総隊司令官と航空教育集団司令官である。いずれも階級は将。海上自衛隊の地方総監は5名だが、横須賀地方総監だけは格上なのだ。

文官では、内局の官房長が(3)陸上自衛隊の方面総監などと同額の年収になっている。「自衛官モデル給与例」に記載されている例から、幕僚監部の課長、(4)陸上自衛隊の中隊長、幹部ではない自衛官の年収も表7に示した。

このように自衛隊員は給与面では恵まれている。身分も安定しており、普通に仕事をこなしていれば、リストラされることもない。生活面での問題は定年が早く、再就職先の給料が大幅に下がることだ。(5)

(1) 防衛省の防衛政策会議提出資料、2009年。
(2) 「自衛官モデル給与例」に記載されていないので、年収は不明。
(3) Q47参照。
(4) Q45、46参照。
(5) Q11～13参照。

こうした不利な点を補うために、１９９０年から退職金とは別に、若年定年退職者給付金という制度ができた。支給額はおおむね退職時の俸給月額×６カ月×（60歳－定年の歳）である。(6) この給付金は、退職した年と翌々年の二回に分けて支給される。

たとえば、三佐（定年55歳）で退職し、退職時の俸給が48万円の場合、一回目に４０５万円、二回目に９９１万円支給される。一尉（定年54歳）で退職し、退職時の俸給が45万円の場合は、一回目に４６０万円、二回目に１１０７万円支給される。階級が下なのに支給額が多いのは、定年が早いからだ。２０１５年に若年定年退職者給付金を受給した者は１万１１１６人で、支給総額は８２１億円である。(7)

任期制自衛官の場合、自衛官候補生として採用時の手当(8)は月額12万６９００円だ。３カ月後に二士に採用されれば、俸給は16万１６００円になる。安いように見えるが、駐屯地内での衣食住はタダである。(9)「自衛官モデル給与例」によると、士長の階級で独身・20歳の場合、年収は３０５万１０００円だ。

表７　自衛官の年収

職　　制	年　　収
事務次官、統合幕僚長	2293万5000円
防衛大学校長、陸上幕僚長、海上幕僚長、航空幕僚長	不　明
陸上自衛隊方面総監、海上自衛隊自衛艦隊司令官、横須賀地方総監、航空自衛隊航空総隊司令官、航空教育集団司令官、内局官房長	1883万1000円
幕僚監部課長*	1248万2000円
陸上自衛隊中隊長**	767万円
幹部ではない自衛官***	520万8000円

（注）＊階級は一佐、47歳、家族は配偶者と子ども２人と想定。
＊＊階級は三佐、45歳、家族は配偶者と子ども２人と想定。
＊＊＊階級は二曹、35歳、家族は配偶者と子ども１人と想定。
（出所）「自衛官モデル給与例」。

（6）実際の支給額は、この公式で計算した額よりやや少ない。詳しい計算方法は不明。

（7）防衛省『平成27年執務参考資料集』。

（8）Ｑ７参照。自衛官候補生の給料は、俸給ではなく手当と言う。

（9）Ｑ８参照。

Q29

自衛官の手当にはどのようなものがありますか？

他の役所や民間企業と同様に、自衛官にも扶養手当、広域異動手当、住居手当、寒冷地手当、期末手当（ボーナス）などが支給される。ただし、超過勤務手当は支給されない。自衛官は昼夜を問わない有事即応態勢を建前としているからだ[10]。代わりに、自衛官特有の手当がたくさんある。航空機（ヘリを含む）の乗員には、航空手当がつく。その額は戦闘機パイロットの場合、俸給月額初号俸の80～15％[11]。たとえば、F－15戦闘機のパイロットで、一尉の場合、初号俸は27万2600円だから、これに0・80を乗じた21万8080円が航空手当になる。

艦船の乗員には、乗組手当がつく。その額は俸給月額（初号俸ではなく、実際にもらっている俸給月額）の33％である。勤務環境の厳しい潜水艦の乗員の場合は、俸給月額の45・5％になる。いったん艦船の乗員になれば、出港していないときでも乗組手当がつく。

実際に艦船が出港しているときには、航海手当がつく。その額は水域と階級によって異なる。水域とは日本領土からの距離による区分で、日本領土に近いほうから順に

（10）手当に関するデータは『防衛ハンドブック2016』による。

（11）支給割合に幅がある手当の場合、階級が高いほど割合が高くなる。

一区、二区、三区、四区となる。たとえば、四区を航海している場合の航海手当は、日額１６７０〜３９８０円。護衛艦に搭載されている哨戒ヘリのパイロットが出港しているときには、航空手当、乗組手当、航海手当の三つが支給される。

過酷な任務に就く部隊の隊員には、特別の手当が加わる。たとえば、陸上自衛隊第一空挺団の隊員には落下傘隊員手当がつく。その額は俸給月額初号俸の33〜24％。訓練で落下傘降下を実施した場合は、別に落下傘降下作業手当がつく。その額は一回につき、３４００〜６３００円。特殊作戦隊員手当や特別警備隊員手当もある。(12)

特別警備隊員が不審船への立入検査に従事した場合、海上警備等手当（日額７７００円）が支給される。自衛官が海賊対処行動に従事した場合も、任務内容に応じて４０００〜４００円（階級による差額はない）の海上警備手当が支給される。

もっとも高額な手当は、福島第一原発事故の際に特例で制定された災害派遣手当である。原発の敷地内での作業に従事した者は、日額４万２０００円、原発から半径10キロ圏内での作業に従事した者は、日額２万１０００円だ。この手当は原発事故後の２０１１年６月４日に閣議決定されたが、３月11日にさかのぼって支給された。(13)

このように、自衛官にはさまざまな手当がつく。ところが、肝心の防衛出動手当が決まっていない。手当の面では、日本は有事を想定していないということになる。

(12) 特殊作戦隊員や特別警備隊員については、Ｑ52参照。

(13)『朝雲』２０１１年６月30日。

Q30 PKOに派遣されたときは、どの程度の手当がもらえるのですか?

PKO(国連平和維持活動)に派遣された自衛隊員には、国際平和協力手当がつく。いわゆる危険手当である。その額は派遣先の任務に応じて異なる(表8)。

1992~93年のカンボジアPKOでは、五段階に区分されていた。「(カンボジアの)国境に近接し、著しく勤務環境の劣悪な地域」、すなわちポルポト派支配地域で活動した場合が最高で、日額2万円。以下、活動地域の劣悪度に応じて下がる。(14)日本からカンボジアの港・空港への人員・物資の輸送に従事した者は4000円だった。なお、階級による差はない。

アフリカ大陸南部のモザンビークPKO、イスラエルとシリアの国境地帯であるゴラン高原(15)PKO、ネパールPKOでは、活動内容と地域に応じて四段階に分かれていた。ゴラン高原の情勢は当時比較的安定していたため、手当は相対的に安い。

カリブ海の島国のハイチPKOの場合、主たる任務は地震の被災者への支援で、手当は活動内容と地域に応じて八段階に分かれていた。東ティモールPKOでは、当時の治安が比較的安定していたので、ゴラン高原と同様に、他のPKOより安く設定さ

(14) PKOにおける手当のデータは『防衛ハンドブック2011』『防衛ハンドブック2016』による。

(15) もともとはシリア領だが、一九六七年の第三次中東戦争でイスラエルによって占領された。

表8　PKOの派遣手当

地　域	年	手当（円／1日）
カンボジア	1992〜93	2万、1.6万、1.2万、8000、4000
モザンビーク	1993〜94	1.6万、1.2万、8000、4000
ゴラン高原	1995〜2013	1.2万、4000、3000、1400
ネパール	2007〜11	2万、1.6万、6000、4000
ハイチ	2010〜12	1.6万、1.2万、1万、6000、5000、4000、3000、1400
東ティモール	2010〜12	1.2万、1万、4000
南スーダン	2011〜現在	1.6万、6000、4000

（注）『防衛ハンドブック2011』『防衛ハンドブック2016』。

れた。

なお、PKOではないが、自衛隊は1994年に、ザイール（現・コンゴ民主共和国）に逃げ込んだルワンダ難民支援のために、ザイールに派遣された。ルワンダもザイールもアフリカ大陸中央部に位置する国である。きわめて治安の悪い地域での活動だったため、手当は日額2万円、1万6000円、6000円、4000円であった。

2011年から自衛隊の派遣が始まり、現在も続いている南スーダンPKOでは、最高額は1万6000円、駆けつけ警護の出動手当は一回につき8000円である。南スーダンでは事実上内戦が再開され、治安はきわめて悪化している。自衛隊は主として道路工事のために派遣されているが、実施できないような状況だ。手当の額は危険度に見合っていない。

Q31 インド洋やイラクに派遣されたときには、いくら手当をもらったのですか？

2001年の9・11テロに対して、米軍などはインド洋などからアフガニスタンのタリバン政権とアルカイダ(16)を攻撃した。パキスタンが米軍の駐留を認めなかったからだ。同年11月にタリバン政権が事実上崩壊後は、テロリストの海上からの逃亡を防ぐため、米軍やイギリス軍などは軍艦をインド洋に派遣して、不審船の臨検(17)を実施した。日本はこの活動を支援するために、テロ対策特別措置法を制定して、海上自衛隊の補給艦と護衛艦をインド洋に派遣。補給艦は洋上で警戒監視活動中の他国の軍艦に燃料と水を補給した。護衛艦(18)は補給艦の警護を名目に派遣された。一時的な中断をはさんで、インド洋への派遣は2001年11月から10年1月まで続く。

インド洋に派遣された海上自衛官には、「防衛庁の職員の給与等に関する法律施行令の一部を改正する政令」に基づいて、「特別協力支援活動等手当」が支給された。いわゆる危険手当だ。危険度に応じて、日額4000円、3000円、1400円、400円に区分されていたが、実際に支給された手当は日額400円（インド洋で30日以上航海した場合）だけだった。海上自衛隊はインド洋で補給活動に従事するだけで、

(16) イスラム原理主義テロ組織で、指導部はアフガニスタンに潜伏していた。
(17) 不審船に乗船して、テロリストが乗っていないか、密輸品が搭載されていないかなどを検査する。
(18) Q36の注(45)参照。

パキスタンの港湾に立ち寄るといった危険な活動[19]には従事しなかったからである。

また、陸上自衛隊はイラク人道復興支援特別措置法に基づいて、２００４年１月から06年9月までイラクに派遣された。航空自衛隊も２００３年12月から09年２月までクウェートに派遣され、人員・物資をイラクまで輸送した。イラク人道復興支援特別措置法施行令に基づいて、派遣された自衛官には「イラク人道復興支援等手当」が支給される。それは危険度に応じて、次のように区分されていた。

①イラクの領域で著しく困難な業務に従事した場合　日額２万４０００円
②イラクの領域で業務に従事した場合　日額２万円
③イラクの空港まで人員・物資を輸送する業務に従事し、著しく困難な飛行方式[20]で離着陸した場合　日額１万６０００円
④イラクの空港まで人員・物資を輸送する業務に従事した場合　日額１万２０００円
⑤クウェートやペルシャ湾諸国（イラク以外）の領域で、イラク人道復興支援特別措置法に基づく業務（イラクへの空輸業務を除く）に従事した場合　日額６０００円
⑥クウェートの空港まで自衛隊の派遣隊員や物資を空輸した場合　日額４０００円

そのほか、比較的危険度の低い業務で、日額３０００円、１４００円、４００円という三種類の手当が支給される場合があった。

イラクはインド洋よりもはるかに危険な地域だったため、手当も高額で、クウェートはイラクほど危険度が高くないため、相対的に低い額になっている。

(19) テロ対策特別措置法では、パキスタンの領域内で難民支援に従事することも可能である。しかし、パキスタンにはタリバンとつながるイスラム原理主義テロ組織があり、彼らによるテロ（ボートによる自爆テロ）を警戒していた。

(20) 自衛隊の輸送機を狙った対空ミサイルを回避するために、旋回しながら着陸するなどの方法。

Q32

自衛官が殉職したら、どのような補償があるのですか？

まず、他省庁の職員と同様に、国家公務員災害補償法にもとづく補償金が遺族に支給される。これ以外に、自衛隊員、警察官、消防士などには、賞じゅつ金(21)、すなわち公務中の殉職者や負傷者に対する見舞金、功労金が支出される。

防衛省の「賞じゅつ金に関する訓令」によると、「一身の危険を顧みることなく職務を遂行し、そのため死亡し、又は障害の状態となった時」に功労の程度に応じて支給される。賞じゅつ金が支給される任務は、以下のとおりだ。

国民保護等派遣(22)、治安出動下令前に行う情報収集(23)、海上警備行動(24)、海賊対処行動、災害派遣、地震防災派遣(25)、原子力災害派遣、在外邦人等の輸送、米軍等に対する後方地域支援や後方地域捜索救助活動、船舶検査活動(26)、国際緊急援助活動(27)、国際平和協力業務（ＰＫＯ等）、自衛隊が所有する武器等の防護、自衛隊基地や米軍基地の警護、警務隊(28)の活動。

ここには、防衛出動が含まれていない。したがって、日本に侵攻してきた敵と戦って「戦死」した自衛官に賞じゅつ金が支給されるかどうかは、はっきりしていない（た

(21) 法令には、「賞じゅつ金」ではなく、「賞じゅつ金」と表記されている。漢字では「賞恤」と書く。

(22) 日本が武力攻撃を受けた場合に、住民の避難を誘導する。

(23) 武装工作員が日本に侵入するおそれがあるとき、自衛隊を沿岸部に派遣して、警戒監視活動に従事させる。

(24) 不審船（外国の工作船）に対する臨検（立入検査）。

(25) 大規模地震災害対策特別措置法にもとづく派遣で、地震全般ではなく、東

だし、「賞じゅつ金に関する訓令」には、「特に防衛大臣が定める場合において賞じゅつ金を授与することができる」という規定があるので、これを防衛出動に適用することは可能であろう)。法令上、「戦死」が想定されていないのである。

治安出動も含まれていない。治安出動下令前に行う情報収集で殉職した場合には、賞じゅつ金が出るが、いざ治安出動命令が発令されると賞じゅつ金が出るかどうか不明なのだ。なんとも不思議な制度である。

ペルシャ湾への海上自衛隊掃海艇派遣(１９９１年)まで、自衛隊の賞じゅつ金の最高額は１７００万円で、警察官の賞じゅつ金の約半額だった。地方公務員である警察官には、国と地方自治体の両方から賞じゅつ金が出るからだ。これでは安すぎるので、ペルシャ湾派遣の際、賞じゅつ金のほかに、防衛庁長官から１０００万円の特別賞じゅつ金、内閣総理大臣から特別ほう賞金１０００万円が支給されることになった。

賞じゅつ金の最高額はその後、カンボジアＰＫＯ派遣で５０００万円、インド洋への派遣で６０００万円、イラク派遣とソマリア沖・アデン湾での海賊対処行動、南スーダンＰＫＯ派遣では９０００万円となった。特別ほう賞金１０００万円とあわせれば１億円になる(特別賞じゅつ金は廃止)。これだけの厚遇は自衛隊だけであろう。

幸い、海外派遣で賞じゅつ金を支給された者はいない。２００２～14年に賞じゅつ金を支給された者は13人で、支給総額は４億８４８０万円(平均３７２９万円)。全員、災害派遣(ヘリによる救急患者の輸送も含む)での殉職であろう。

海大地震を想定している。
(26) 国連安全保障理事会の決議にもとづく経済制裁に違反している疑いのある船舶に対する臨検。不審船に対する臨検とは別概念。
(27) 海外での災害への派遣。
(28) 職務中の自衛官による犯罪や自衛隊基地内で起きた犯罪を取り締まる部隊で、自衛隊内の警察のような存在。

Q33

防衛予算の総額と推移を教えてください。

防衛省の予算は防衛関係費と呼ばれている。２０１６年度の防衛関係費は４兆８６０７億円で、前年度より０・８％増だ。[29] 防衛関係費は一般会計の５・03％を占める。対ＧＤＰ（国内総生産）比は０・９３７％である。[30]

最近10年間の推移を見ると、２００７年度から12年度までは減少が続いていたが、２０１２年12月の第二次安倍政権の誕生によって、少しずつ増えるようになった（表９）。２０１３年度は０・８％増、14年度は２・２％増、15年度は０・８％増だ。[31]

三木内閣当時の１９７６年に、防衛関係費をＧＮＰ（国民総生産。２００１年度からＧＤＰ（国内総生産）を基準とすることになった）の１％以内とするという政策が決定され、86年の中曽根内閣でその方針が廃止された。しかし、防衛関係費がＧＮＰの１％を超えたのは、１９８７～89年の３年間だけである。[32]

日本の防衛関係費は他国の軍事費と比べて多いのだろうか、少ないのだろうか。

一口に軍事費と言っても、国によって定義が異なる。他国の場合、沿岸警備隊（日本では海上保安庁）の予算や軍人恩給[33]も含まれるのが一般的だが、日本ではそれらが含

(29) 防衛関係費には広義（沖縄に関する特別行動委員会（ＳＡＣＯ）関係経費、米軍再編関係経費、次期政府専用機調達費を含む）と狭義（上記を含まない）がある。本書で参照した『防衛ハンドブック』には狭義の防衛関係費のみが掲載されているので、本書もそれに従った。なお、２０１７年度の広義の防衛関係費は過去最高の５兆１２５１億円で、対前年度比＋１・４％である。

(30)『防衛ハンドブック２０１６』。

(31)『防衛ハンドブック２０１６』。

まれていない。また、為替レートの変動によって、ドルベースでの軍事費の額は大きく変動する。

そうした点を考慮したうえで、あえて他国の軍事費を調べてみると、２０１４年にもっとも多額の軍事費を支出した国はアメリカで、金額は約６１００億ドル（日本の約13倍）。以下、次のとおりだ（いずれも概数）。

２位＝中国２１６０億ドル、３位＝ロシア８４５億ドル、４位＝サウジアラビア８０８億ドル、５位＝フランス６２３億ドル、６位＝イギリス６０５億ドル、７位＝インド５００億ドル、８位＝ドイツ４６５億ドル、９位＝日本４５８億ドル、10位＝韓国３６７億ドル(34)。

表９　防衛関係費の推移（概数）

年度	総額	対前年度比
2007	4兆7818億円	－0.2%
2008	4兆7426億円	－0.8%
2009	4兆7028億円	－0.8%
2010	4兆6826億円	－0.4%
2011	4兆6625億円	－0.4%
2012	4兆6453億円	－0.4%
2013	4兆6804億円	＋0.8%
2014	4兆7838億円	＋2.2%
2015	4兆8221億円	＋0.8%
2016	4兆8607億円	＋0.8%
2017	4兆8996億円	＋0.8%

（注）『防衛ハンドブック 2016』。

対ＧＤＰ比では２〜４％の国が多く、日本はもっとも少ない。日本の防衛関係費は他国と比べて多いとは言えない。

軍事費のＧＤＰに占める割合がもっとも高いのはオマーン（11・６％）、次いでサウジアラビア（10・４％）である。ただし、北朝鮮の軍事費が不明なので、もしかするとトップかもしれない(35)。

(32) 防衛省『平成二七年執務参考資料集』。
(33) 日本では旧日本軍人に対する恩給を指す。また、定年退職自衛官には年金が支給される。その国側負担分は防衛関係費から支出される。２０１６年度の場合、海上保安庁の予算は１８７７億円、総務省管轄の軍人恩給は３２４５億円。これらを加えた場合、対ＧＤＰ比は１・０３６％になる。
(34) *SIPRI Yearbook 2015*, Oxford University Press, 2015.
(35) *SIPRI Yearbook 2015*, Oxford University Press, 2015.

Q34

防衛予算の内訳を教えてください。

2016年度の防衛関係費4兆8607億円のうち、2億1473億円(44・2%)が人件・糧食費である。すなわち、自衛隊員の給料や退職金、基地内での食費(ただし幹部自衛官は自費)に、5割近い予算が充てられている。

残る2億7135億円(55・8%)が物件費になる。使途別に区分すると、装備品等購入費が7659億円(15・8%)、研究開発費が1055億円(2・2%)、施設整備費が1461億円(3・0%)、営舎費・被服費が1260億円(2・6%)、訓練活動経費が1兆4447億円(21・5%)、基地対策費が4509億円(9・3%)などだ。(36)

このうち装備品等購入費は車両、艦船、航空機などの調達費である。施設整備費は基地の改修などに使用される経費だ。営舎費は基地内にある隊舎に関する経費である。士の階級の隊員と曹の階級で独身の者は、隊舎に住むことになっている。基地内の食堂で食べる場合、幹部は有料だが、曹と士は無料だ。

訓練活動経費は日米共同訓練などに使用されたり、東シナ海での海上自衛隊による警戒監視活動といった日常的な活動に使用される。基地対策費は土地の賃料、基地周

(36)『防衛ハンドブック2016』。

辺の防音工事、基地周辺自治体への交付金（いわゆる迷惑料）などである。

物件費は歳出化経費と一般物件費にも分けられる。歳出化経費は1兆7187億円で、一般物件費は9948億円だ。

歳出化経費は防衛関係費独自の仕組みで、わかりにくい。車両、戦闘機、護衛艦、潜水艦などの兵器は、予算化および企業との契約から完成（自衛隊への納入）まで、3～5年かかる。格納庫や隊舎などの建設でも、工期は複数年に及ぶ。

一般に商品は納品後に経費を支払うが、完成（納品）までに長期間を要するものについては、完成前に費用を分割払いするのが通例である。そうしなければ、企業の建て替え分（部品や材料費、人件費など）が多額になってしまう。

そのため、兵器などの生産においても、予算化された年に少額の頭金を支払い、残りは翌年度以降に分割で支払う。分割払いの部分を後年度負担と言い、後年度負担のうち、各年度の予算に組み込まれた経費を歳出化経費と言う。たとえば、100億円の兵器を四年間で生産する場合、初年度に頭金として10億円、二年度目に10億円、三年度目に20億円、四年度目に60億円支払うとすると、二～四年度目の予算90億円が後年度負担になる。(37)

二年度目の10億円は、二年度目の予算の歳出化経費となる（三年度目以降も同様）。後年度負担は義務的経費なので、翌年度以降の予算を先取りしているとも言える。

一般物件費は、当該年度に予算化され、当該年度に使用する経費のことである。

(37) 防衛省「我が国の防衛と予算――平成28年度予算の概要」。

Q35

防衛費は防衛産業にどれくらい流れているのですか?

防衛関係費のうち装備品等購入費や研究開発費は、防衛産業に支出される。ただし、すべての予算が日本の企業に流れるわけではない。アメリカから政府間ベース[38]で装備品を輸入する場合、日本の予算はアメリカの海軍省・空軍省などに渡される。国内商社を介して輸入する場合でも、一部の予算が手数料として商社に支払われるだけだ。国産兵器の場合も、部品が外国からの輸入品であることが多い。ライセンス生産(開発した外国のメーカーにライセンス料=特許料を支払って、日本の防衛企業が生産する)の場合は、ライセンス料を開発国に支払わなければならない。

このように装備品等購入費や研究開発費の大部分が、日本の防衛産業に流れるというわけではない。とはいえ、少なくない予算が流れていることは事実である。

日本の防衛産業に支払われている予算の総額は公表されていないが、防衛省との契約額上位20社は公表されている[39](表10)。毎年、1位は三菱重工業だったが、2015年度は川崎重工業が1位になった。

7位のジャパンマリンユナイテッドは造船会社だ。11位の高速マリン・トランスポ

(38) 政府同士が直接契約を締結することを対外有償軍事援助(FMS=Foreign Military Sales)と言う。

(39)『自衛隊装備年鑑2016―2017』朝雲新聞社。

ートは民間船舶の運航・管理を業務とする会社で、自衛隊は主に訓練の際に、フェリーなどを借りている。12位のＪＸエネルギーからは航空燃料などを調達している。13位のダイキン工業は砲弾などを、14位の日本製鋼所は榴弾砲などを、15位のジーエス・ユアサテクノロジーは潜水艦用の蓄電池など、18位の新明和工業はＵＳ－２救難飛行艇などを生産する企業である。19位の中川物産からは艦船用燃料を調達している。

表10　防衛省との契約額上位20社

順位	社　名	契約額
1	川崎重工業	2778 億円
2	三菱重工業	1998 億円
3	IHI	1147 億円
4	三菱電機	1083 億円
5	日本電気(NEC)	739 億円
6	東芝	573 億円
7	ジャパンマリンユナイテッド	389 億円
8	富士通	364 億円
9	小松製作所	291 億円
10	住友商事	261 億円
11	高速マリン・トランスポート	250 億円
12	JX エネルギー	184 億円
13	ダイキン工業	156 億円
14	日本製鋼所	152 億円
15	ジーエス・ユアサテクノロジー	145 億円
16	日立製作所	143 億円
17	コスモ石油	126 億円
18	新明和工業	123 億円
19	中川物産	121 億円
20	富士重工業	116 億円

（注）『自衛隊装備年鑑』2016 年版、朝雲新聞社。

なお、日本の企業の場合、会社の総収入に占める防衛需要の割合はかなり低い。上位５社の平均値は３・５％だ（２０１４年度）[40]。下請けや孫請け企業は別にして、日本には防衛企業と言えるような大手企業は存在しない。

（40）Defense News Top 100, *Defense News*, July 27, 2015. *Defense News* はアメリカの軍事専門週刊紙で、毎年全世界の防衛企業に対してアンケート調査を実施している。

Q36

艦船や戦闘機の値段を教えてください。

兵器の値段の正確な把握は難しい。同じ兵器であっても、発注年度によって価格は異なる。たとえば、戦闘機は同じ型を約20年にわたって調達する。調達の初期段階では生産数が少ないため単価は高くなり、量産化が進むと単価は下がる。また、毎年調達している兵器でも、2年分まとめて調達すれば、単価は下がる。

国産兵器は海外に輸出されていないため、少量生産で、割高になる（２０１４年に「武器輸出三原則等」[41]が廃止され、「防衛装備移転三原則」[42]が採用されたが、まだ主要な国産兵器の輸出実績はない）。逆に輸入品は割安だが、内需に貢献しない。

外国製の兵器を国内で生産するライセンス生産の場合は、輸入よりも割高になる。ライセンス生産と言っても、すべての技術を日本の防衛企業に提供してくれるわけではない。とくに秘密度の高い部分は、ブラックボックスにされる。そのため、故障したときは開発したメーカーに送って、修理してもらうことになる。

こうした事情を把握したうえで、代表的な兵器の値段を見てみよう。

艦船、戦闘機、戦車を比較した場合、当然、図体の大きい艦船が一番高額になる。

(41) １９６７年に佐藤内閣は武器輸出三原則を表明し、76年に三木内閣はすべての武器輸出を慎むことを表明した。両者を合わせて「武器輸出三原則等」と言う。

(42) ①国際条約に違反する場合、②国連安全保障理事会決議に違反する場合、③紛争当事国への輸出となる

なかでも、もっとも高額なのはイージス護衛艦だ。[43] イージス護衛艦は高度な防空システムを有する最新兵器で、弾道ミサイル防衛にも使用される。船体は三菱重工業で製造され、イージスシステム[44]は輸入である。最新イージス護衛艦（艦名は未定）の価格（２０１６年度予算）は１７３４億円だ。一つ前のタイプのイージス護衛艦「あしがら」の価格は１３６５億円（２００３年度予算）だったから、ますます高くなっている。

次に高額なのは、ヘリコプター搭載護衛艦（実質的にはヘリ空母[45]）である。たとえば、「いずも」の価格（２０１２年度予算）は１１３９億円だ。

潜水艦は船体が少し小さくなるためか、大型の護衛艦よりも安い。最新潜水艦（艦名未定）の価格（２０１６年度予算）は６３６億円である。

航空自衛隊が保有しているＦ－２戦闘機の価格（発注年度によって異なる）は、２００３年度に発注した６機のケースで１１９億円だった。航空自衛隊は２０１６年度からＦ－35戦闘機の配備を始める。[46] ２０１６年度予算で発注されたＦ－35Ａ戦闘機６機の単価は１８１億円と大幅に上昇した。また、陸上自衛隊のオスプレイの価格は１１２億円（２０１６年度）、10式戦車の価格は13億円（２０１６年度）である。

安い兵器もある。陸上自衛隊の89式小銃は30万円（２０１６年度予算）である。60㎜迫撃砲は４００万円（２０１６年度予算）だ。

場合以外は、武器輸出を認めるという政策。

(43) 高性能の防空能力と弾道ミサイル防衛能力を持つ艦船。防空とは、艦船からミサイルなどを発射して、敵の航空機を撃墜することである。

(44) 弾道ミサイル迎撃用のＳＭ－３というミサイルを目標まで誘導するソフトウェア。

(45) 護衛艦は水上戦闘艦、ヘリ空母はヘリを多数搭載した水上戦闘艦を指す。

(46) Ｆ－２戦闘機は対艦攻撃を主任務とする戦闘機、Ｆ－35Ａ戦闘機は空中戦にも対艦攻撃にも使える戦闘機。

第3章
自衛隊の任務と組織

Q37

自衛隊の主な任務は何ですか？

自衛隊の主任務は自衛隊法第3条に明記されている。

「自衛隊は、我が国の平和と独立を守り、国の安全を保つため、（中略）我が国を防衛することを主たる任務とし、必要に応じ、公共の秩序の維持に当たるものとする」（第1項）

前半の「我が国の平和と独立を守り、国の安全を保つため、我が国を防衛すること」というのは、一般に「国防」や「防衛」と呼ばれるものだ。この条項のポイントは「平和と独立を守り」という部分である。平和を守るだけでいいのなら、無条件降伏で平和を維持するという選択肢もあり得る。しかし、それでは敵国に占領され、独立は維持できない。「平和と独立を守り」とは、日本が武力攻撃された場合、独立国としての日本を守るために、自衛隊に武力による反撃を命じるということだ。

日本に対する武力攻撃が発生した場合、または武力攻撃が切迫していると判断された場合、自衛隊に防衛出動が発令される[1]。

「国防を米軍に依存しているのだから、日本は独立国ではない」という意見や、「ア

（1）詳細は、福好昌治『平和のためのハンドブック軍事問題入門Q＆A40』（梨の木舎、2014年）のQ7～9を参照されたい。

メリカの言うなりになって、自衛隊を海外に派遣しているのだから、日本は独立国ではなく、アメリカの従属国だ」という見解もあろう。だが、ここでは実態面の分析は取り上げず、法的な面から自衛隊の主任務を確認している。

「国家安全保障」という言葉もあるが、これは「国防」や「防衛」よりも広い概念である。その手段には、外交や経済協力なども含まれる。軍事的手段と非軍事的手段の両方を駆使して、「我が国の平和と独立を守る」ことを意味する。

後半の「公共の秩序の維持に当たる」という文言は、治安出動を指す。治安出動が発令されたことはないが、海上警備行動は二回発令されている。(2) 海上警備行動は、日本の領海で外国の不審船(工作船)が発見された場合、それに停船を命じ、乗船して船内を検査する活動を指し、海の治安出動に相当する。通常、不審船は逃走しようとするので、それを追跡し、必要に応じて警告射撃を実施する。

自衛隊法第3条第2項には、国防や治安維持に次ぐ任務が二つ明記されている。

「一　我が国周辺の地域における我が国の平和及び安全に重要な影響を与える事態に対応して行う我が国の平和及び安全の確保に資する活動

二　国際連合を中心とした国際平和のための取組への寄与その他の国際協力の推進を通じて我が国を含む国際社会の平和及び安全の維持に資する活動」

前者は重要影響事態(旧名は周辺事態。たとえば、第二次朝鮮戦争(3)における米軍への後方支援などを指す。後者はPKO(国連平和維持活動)への参加などを指す。(4)

(2)　一回目は1999年に能登半島沖で発見された北朝鮮の不審船に対して、二回目は2004年に沖縄県石垣島近海を潜没航行していた中国海軍の潜水艦に対して、発令された。

(3)　あくまでも仮定の話で、実際に第二次朝鮮戦争が勃発したわけではない。

(4)　詳細は、『平和のためのハンドブック軍事問題入門Q&A40』のQ5、6を参照されたい。

Q38

陸上自衛隊の主な任務は何ですか？

陸上自衛隊、海上自衛隊、航空自衛隊には、それぞれ特有の任務がある。それは法律に明記されているわけではないが、「防衛計画の大綱」[5]や毎年の業務計画などで明らかにされている。もちろん、複数の自衛隊によって遂行される任務(たとえば離島への上陸作戦[6])もある。

冷戦時代の陸上自衛隊は、ソ連軍の北海道侵攻を想定しており、ソ連軍との地上戦が主任務だった。だが、冷戦終結とソ連の崩壊により、そのようなシナリオに現実性はなくなった。そのため、陸上自衛隊は新たな有事シナリオを探さなければならなくなった。自衛隊を含む軍隊は、軍事的脅威が存在するから、自らの存在意義をアピールできる。新たな有事シナリオ探しは、陸上自衛隊の生き残りに必須だった。

そこで陸上自衛隊が見出したのが、島嶼防衛という新たな任務である。島嶼防衛は2004年12月に策定された「防衛計画の大綱」で、防衛力の役割の一つと明記された。ただし、島嶼防衛は中国の軍事戦略を分析したうえで導き出された構想ではなく、陸上自衛隊が生き残り戦略として勝手に想定しているにすぎない。本土侵攻の可

(5) 防衛力整備計画の基本方針を定めた重要文書で、閣議決定を要する。直近は2013年12月に策定された。

(6) Q51参照。

能性は低いのに、なぜ敵は島嶼部に侵攻してくるのか。逆に、なぜ敵の侵攻は島嶼部だけにとどまるのか。こうした疑問に陸上自衛隊は答えていない。

また、仮に侵攻があるとしても、先島《さきしま》諸島（沖縄県の宮古列島・八重山列島）をめぐる戦闘は想定できない。住民の避難をどうするかという難題があるからだ。住民を島に残したままでは、陸上自衛隊も上陸作戦を敢行できない。住民に多数の死傷者が出るからだ。この点を見るだけでも、島嶼防衛は絵空事にすぎないと言える。

陸上自衛隊が実際に行っていることは、災害派遣とＰＫＯのような海外での「国際平和協力活動」(7)である。災害派遣に関しては、東日本大震災での活動で、その能力が実証された。外国で大規模な自然災害が発生したときにも(8)、陸上自衛隊（海上自衛隊と航空自衛隊は物資や人員の輸送面で協力）が派遣されている。

１９９２年のカンボジアＰＫＯを皮切りに、陸上自衛隊はさまざまなＰＫＯに参加してきた(9)。現在も、南スーダンに派遣されている。ＰＫＯで国連から陸上自衛隊に与えられている任務の多くは道路工事で、派遣されているのは施設科部隊である。カンボジアＰＫＯとネパールＰＫＯでは停戦監視要員も派遣された。一方、治安維持を任務とする普通科部隊が派遣されたことはない。

（7）防衛省はＰＫＯ、国際緊急援助隊への参加（海外での災害派遣）、海上自衛隊のインド洋派遣、陸上・航空自衛隊のイラク派遣を「国際平和協力活動」と呼んでいる。
（8）たとえば、２０１５年４月のネパール大地震や13年11月のフィリピンでの台風被害。
（9）Ｑ30参照。

Q39

海上自衛隊の主な任務は何ですか？

海上自衛隊の主な任務は、昔も今もシーレーン防衛とされている。防衛庁は1956年に第一次防衛力整備計画（対象年度は1957～59年度）を策定し、海上自衛隊は自らの主な任務を「日本周辺海域の防衛と海上交通路の確保」と定めた。通常、海上交通路の確保をシーレーン防衛と呼ぶ。

ただし、この場合のシーレーンとは、日本有事に来援する米海軍の航路を指す。換言すると、シーレーン防衛とは、日本有事に来援する米海軍を守ることである。なかでも主たる護衛対象は空母[10]だ。米海軍の空母にとって、もっとも脅威となるのは、探知しにくい敵の潜水艦である。そのため、海上自衛隊は対潜戦[11]に力を入れてきた。むしろ、対潜戦に偏重していたと言ったほうが正確だろう。一方、敵地攻撃能力はほとんどない。その分野は米海軍（主として空母）に依存している。

海上自衛隊は陸上自衛隊や航空自衛隊との統合運用[12]よりも、米海軍との共同作戦[13]を重視する。海上自衛隊は日米共同作戦の中で、対潜戦という分野を主に担当しており、日米共同作戦においてこそ真価を発揮できる構造になっている。海上自衛隊は米

(10) 航空母艦の略称で、戦闘攻撃機などを搭載した大型の艦船。〝動く洋上基地〟とも言える。

(11) 対潜水艦戦（ASW＝Anti Submarine Warfare）の略。対潜戦という略語が一般化している。

(12) 一国内の異なる軍種（陸軍、海軍、空軍のこと）を一体的に運用すること。運用は作戦（オペレーション）と同じ意味だが、自衛隊は作戦よりも運用という言葉を好む。

(13) 複数の国の軍隊が協力しながら作戦を遂行すること。

海軍と役割分担をしており、実質的に米海軍第七艦隊[14]の一部になっていると言っても過言ではなかろう。

ただ、一口にシーレーン防衛と言っても、その様相は時代によって異なる。冷戦時代の１９８０年代は、東京からグアムに至る南東航路と大阪からバシー海峡（台湾とフィリピンの間）に至る南西航路を想定し（どちらも距離は約１０００海里＝約１８５０㎞、１海里は１８５２ｍ）、１０００海里シーレーン防衛を対米公約としていた。

現在は、１０００海里シーレーン防衛という言葉は聞かれなくなった。海上自衛隊が実際に活動している主な海域は、東シナ海である。具体的に言うと、海上自衛隊の護衛艦とＰ－３Ｃ哨戒機[15]が中国海軍の動向を監視している。中国海軍の艦船が沖縄本島と宮古島の間の宮古海峡を通過すると、防衛省がその事実を公表する。海上自衛隊がきちんと任務を果たしているという証拠だ。海上自衛隊の潜水艦の一部も、中国の沿岸で電波情報の収集に当たっていると言われている。

北朝鮮による弾道ミサイル発射への対応も、海上自衛隊の任務である。これを担当しているのは、弾道ミサイル防衛能力を有する「こんごう」型イージス護衛艦４隻だ[16]。海上自衛隊はアフリカのソマリア沖（アデン湾）での海賊対処活動にも、常時、護衛艦一隻とＰ－３Ｃ哨戒機二機を派遣している。護衛艦は民間船舶をエスコートしながら、アデン湾を航行する。Ｐ－３Ｃ哨戒機は空から洋上を監視する。このように海上自衛隊の任務は多様化しており、部隊のローテーションがきつくなっている[17]。

（14）西太平洋とインド洋（ペルシャ湾周辺海域を除く）を担当海域とする部隊。

（15）敵の潜水艦を探知し、攻撃することを主任務とする航空機。平時は洋上監視に使用されている。Ｐ－３Ｃ哨戒機は順次、新型のＰ－１哨戒機に更新される予定。

（16）「あたご」型イージス護衛艦にも弾道ミサイル防衛能力を付与する改修工事を実施している。イージスシステムの意味についてはＱ36参照。さらに2隻のイージス護衛艦が予算化されている。

（17）海上自衛隊の任務について詳細は、福好昌治「新たなる周辺危機と海自ミッション」（『丸』２０１６年1月号）を参照されたい。

Q40
航空自衛隊の主な任務は何ですか？

航空自衛隊の主な任務は、日本の空の防衛である。すなわち、日本に侵攻する敵の戦闘機を空中で撃墜することだ。平時には、自衛隊法第84条にもとづいて、領空侵犯対処措置に従事している。領空侵犯対処措置とは、日本の領空に近づいてくる国籍不明機（日本に飛行計画を通知していない航空機で、主としてロシアと中国の軍用機(18)）に対して、領空から離れるように指示することである。自衛隊機の指示に従わない国籍不明機に対しては、警告射撃を実施できる。

どこの国にも空の警察は存在しないので、軍隊に領空侵犯対処措置を命じている。在日米軍は、日本の領空侵犯対処措置には従事しない。ただし、航空自衛隊から領空侵犯機に関する情報を得ている。車両や艦船と違って、航空機は高速で動くので、国籍不明機が領空に侵入してから対処したのでは間に合わない。

そのため海に面した国は、領空の外側に防空識別圏(19)を設定している。日本海側では、防空識別圏はロシアや韓国との中間付近に設定されている。太平洋側にも防空識別圏はある。もちろん、ロシア、韓国、中国も防空識別圏を設定している。

(18) 自衛隊と韓国軍の間には飛行計画を相互通知するシステムがあるので、韓国軍の軍用機は国籍不明機ではない。また、各国の民間機は国際民間航空機関（ＩＣＡＯ）の地域管制当局に飛行計画を通知することになっているので、領空侵犯対処措置の対象にはならない。

(19) 国籍不明機が侵入したら戦闘機を緊急発進させる空域。国際法にもとづくも

航空自衛隊は防空識別圏への進入を監視するため、北海道から沖縄まで28カ所にレーダーサイトを設置している。[20] いずれも島か沿岸部の山頂に設置され、運用は24時間態勢だ。航空機が防空識別圏に進入すると、その情報がリアルタイムで防空指令所に送られる。防空指令所は三沢基地（青森県三沢市）、入間基地（埼玉県入間市）、春日基地（福岡県春日市）、那覇基地（沖縄県那覇市）にある。

防空指令所では、防空識別圏に進入した航空機が国籍不明機かどうか、即座に判断される。国籍不明機と判断されたら、防空指令所にいる要撃管制官[21]が戦闘機に緊急発進を命じ、戦闘機を国籍不明機の近くまで無線通信で誘導する。戦闘機が配備されているのは、千歳基地（北海道千歳市）、三沢基地、百里《ひゃくり》基地（茨城県小美玉《おみたま》市）、小松基地（石川県小松市）、築城《ついき》基地（福岡県築上《ちくじょう》町）、新田原《にゅうたばる》基地（宮崎県新富町）、那覇基地だ。各基地では、戦闘機2機が5分以内に出動できる待機態勢を取っている。

日本有事になれば、戦闘機だけでなく、E-767早期警戒管制機[22]やE-2C早期警戒機[23]も出動する。もちろん、米軍の戦闘機も出動するから、空の日米共同作戦になる。

航空自衛隊は空中戦を重視しているが、副次的な任務として、敵艦船への攻撃や陸上自衛隊への空からの援護射撃も実施する。航空自衛隊は輸送機も保有している。国内での輸送だけでなく、陸上自衛隊が海外に派遣される際には、航空自衛隊の輸送機が物資を空輸する。また、PAC-3という弾道ミサイル迎撃用ミサイルを保有しており、弾道ミサイル防衛の一翼も担っている。

のではなく、各国が独自の判断で設定している。複数の国の防空識別圏の一部が重なる場合もある。たとえば、日本と中国の防空識別圏は重複している。

(20) Q50参照。

(21) 要撃は迎撃と同じ意味だが、航空自衛隊では「要撃」という言葉を使う。

(22) 空中で敵機の動向を収集するとともに、味方の戦闘機へ戦闘に関する指示を与える航空機。レーダーサイトと管制塔を合わせたような機能を有する。

(23) 敵機の動向を領空から離れた地点で監視する航空機。

Q41 集団的自衛権の行使が可能になると、何がどう変わるのでしょうか?

安保法制では集団的自衛権は行使できない

安保法制の成立によって、日本も限定的な集団的自衛権の行使が可能になった、と安保法制賛成派も反対派も理解している。だが、私の見解はそうした〝常識〟とは異なる。私は「安保法制では集団的自衛権は行使できない」と考えている。なぜ、そのように判断するのか、順次説明していこう。

その前に集団的自衛権とは何か、簡単に説明しておきたい。一般に、集団的自衛権とは、武力攻撃を受けた国(被害国)からの要請により、武力を行使して被害国を助けに行く権利である。たとえば、北朝鮮が韓国に侵攻すれば、米韓相互防衛条約に基づいて、アメリカは韓国を支援するために参戦する。この場合、韓国は個別的自衛権を行使し、アメリカは集団的自衛権を行使している。

国際法上、集団的自衛権の行使には、被害国の要請が必要とされる。したがって、被害国である韓国からの要請がなければ、日本は米韓連合軍の作戦地域(北朝鮮の領域や公海上も含む)に、自衛隊を派遣できない。

(24) 正式名は「武力攻撃事態等及び存立危機事態における我が国の平和と独立並びに国及び国民の安全の確保に関する法律」。

(25) ①我が国に対する武力攻撃が発生した場合のみならず、我が国と密接な関係にある他国に対する武力攻撃が発生し、これにより我が国の存立が脅かされ、国民の生命、自由及び幸福追求の権利が根底から覆される明白な危険がある場合に

以上を前提に、安保法制の中身を検討してみよう。法律の条文をつまびらかに読めばわかるのだが、安保法制の中に「集団的自衛権を行使できる」という文言はない。その代わり、安保法制の一つである武力攻撃事態対処法[24]第2条四に、「存立危機事態（我が国と密接な関係にある他国に対する武力攻撃が発生し、これにより我が国の存立が脅かされ、国民の生命、自由及び幸福追求の権利が根底から覆される明白な危険がある事態）」という珍妙な概念が新設された。

存立危機事態は、２０１４年7月1日の閣議決定「国の存立を全うし、国民を守るための切れ目のない安全保障法制の整備について」で規定された新たな自衛権行使の三条件[25]のうち第一条件を法制化したものだ。この概念の新設に伴い、自衛隊法第76条が改定され、武力攻撃事態[26]のみならず、存立危機事態においても、内閣総理大臣は自衛隊に防衛出動を命じることができるようになった。

存立危機事態はあり得るのか

では、存立危機事態はあり得るのだろうか。日本政府は２０１４年5月27日に開催された与党協議会[27]で、「『武力の行使』に当たり得る活動」、すなわち集団的自衛権の行使に該当する活動として8事例を示した。それは、①邦人輸送中の米輸送艦の防護、②武力攻撃を受けている米艦の防護、③強制的な停船検査、④米国に向け我が国上空を横切る弾道ミサイルの迎撃、⑤弾道ミサイル発射警戒時の米艦防護、⑥米本土

おいて、②これを排除し、我が国の存立を全うし、国民を守るために他に適当な手段がないときに、③必要最小限度の実力を行使すること（①〜③の数字は筆者が便宜上付けた）。

(26)「我が国に対する外部からの武力攻撃が発生した事態又は我が国に対する外部からの武力攻撃が発生する明白な危険が切迫していると認められる事態」。武力攻撃事態における日本の武力行使は、個別的自衛権の行使に当たる。安保法制成立以前のいわゆる有事法制については、福好昌治『平和のためのハンドブック軍事問題入門Q＆A40』のQ7〜9を参照されたい。

(27) ２０１４年7月1日の閣議決定に向けた自民党と公明党による協議会。

が武力攻撃を受け、我が国近隣で作戦を行うときの米艦防護、⑦国際的な機雷掃海[28]活動への参加、⑧民間船舶の国際共同護衛である。

しかし、いずれも「我が国の存立が脅かされ、国民の生命、自由及び幸福追求の権利が根底から覆される明白な危険がある事態」には、該当しない[29]。

たとえば、①の邦人輸送中の米輸送艦が攻撃された場合、米輸送艦の存立が脅かされるおそれはあるが、それだけではアメリカという国の存立は脅かされない。もちろん、日本の存立が脅かされることもない。米輸送艦に乗艦している「国民の生命、自由及び幸福追求の権利が根底から覆される明白な危険」はあるが、日本国民全体の「生命、自由及び幸福追求の権利が根底から覆される」わけではない。

また、⑦の具体例として、イランによるホルムズ海峡封鎖がよく喧伝される。たしかに、原油の輸入が減れば、ガソリンが値上がりし、国民の生活が苦しくなり、「幸福追求の権利」が脅かされるかもしれない。しかし、「国民の生命、自由及び幸福追求の権利が根底から覆される明白な危険がある」とまでは言えない。「我が国の存立が脅かされ」る事態でもない。つまり、存立危機事態はあり得ないのである。

そのうえ、安保法制案可決(2015年9月19日)に伴う国会の附帯決議「平和安全法制に関する合意事項」の中に、次のような文言がある。

「存立危機事態の認定に係る新三要件の該当性を判断するに当たっては、第一要件にいう『我が国の存立が脅かされ、国民の生命、自由及び幸福追求の権利が根底から

(28) 海中にある機雷を浮上させて、掃海艇に搭載されている機銃で爆破すること。

(29) 詳細は、福好昌治「検証! 集団的自衛権『八つの事例』」(『軍事研究』2014年10月号)を参照されたい。

覆される明白な危険がある』とは、『国民に我が国が武力攻撃を受けた場合と同様な深刻、重大な被害が及ぶことが明らかな状況』であることに鑑み、攻撃国の意思、能力、事態の発生場所、その規模、態様、推移などの要素を総合的に考慮して、我が国に対する外部からの武力攻撃が発生する明白な危険など我が国に戦禍が及ぶ蓋然《がいぜん》性、国民がこうむることとなる犠牲の深刻性、重大性などから判断することに十分留意しつつ、これを行うこと」

この附帯決議では、存立危機事態＝「国民に我が国が武力攻撃を受けた場合と同様な深刻、重大な被害が及ぶことが明らかな状況」と規定された。法律の文言をそのように解釈するということだ。附帯決議の有効性は、附帯決議と同日の閣議決定によって担保された。「国民に我が国が武力攻撃を受けた場合と同様な深刻、重大な被害が及ぶことが明らかな状況」とは、武力攻撃を受けたときか、武力攻撃が切迫している事態しか考えられない。つまり、存立危機事態と武力攻撃事態は同じということになる。

しかも、附帯決議で存立危機事態における防衛出動に関しては、例外なく国会の事前承認を要することになった。国会の承認を求めているうちに、日本に対する武力攻撃が発生するのではないか。存立危機事態における武力行使は、実際には集団的自衛権の行使ではなく、個別的自衛権の行使になる。本来、集団的自衛権の行使は他国防衛であるが、安倍政権は自国防衛の枠内で集団的自衛権の行使を可能にしようとした（だから「限定的」という形容詞が付いている）から、わかりにくい法律になったのである。(30)

(30) Ｑ41は、福好昌治「平和安保法制を正しく理解するための八項目」（『軍事研究』２０１６年1月号）の一部を加筆修正した。

Q42

米軍の艦船などが攻撃されたとき、自衛隊は助けることができるのですか?

安保法制の論議の中で、米海軍の艦船と自衛隊の艦船が共同で弾道ミサイル発射の警戒に従事しているときや、日米共同訓練中に米軍の艦船が攻撃された場合、自衛隊の艦船が助けに行かなくてもよいのか、という議論が展開された。これは、平時に米軍が奇襲されたケースを想定している。

これも珍妙な議論だが、国会では、安保法制のひとつである自衛隊法が改定され、「合衆国軍隊等の部隊の武器等の防護のための武器の使用」(第95条の2)という次のような条項が新設された。

「自衛官は、アメリカ合衆国の軍隊その他の外国の軍隊その他これに類する組織(次項において「合衆国軍隊等」という。)の部隊であって自衛隊と連携して我が国の防衛に資する活動(共同訓練を含み、現に戦闘行為が行われている現場で行われるものを除く。)に現に従事しているものの武器等を職務上警護するに当たり、人又は武器等を防護するため必要であると認める相当の理由がある場合には、その事態に応じ合理的に必要と判断される限度で武器を使用することができる。ただし、刑法第36条(引用者注、正当防衛)

(31) 武器等には、艦船も含まれる。「等」は、通信設備など武器ではないものを指す。
(32) たとえば武装闘争を展開していた時代(1950年代前半)の日本共産党。その後も武装闘争を展開する新左翼セクトが現れた。
(33) 武力攻撃の発生と認定

又は第37条（引用者注、緊急避難）に該当する場合のほか、人に危害を与えてはならない。

2　前項の警護は、合衆国軍隊等から要請があった場合であって、防衛大臣が必要と認めるときに限り、自衛官が行うものとする」

これは自衛隊法第95条（自衛隊の武器等の防護のための武器の使用）を米軍などの武器等[31]にまで拡大しようとする条項である。もともと同条は、自衛隊の武器等を破壊ないし奪取しようとする行為の防止を目的に制定された。当時想定されていたシナリオは、国内の武装勢力[32]による自衛隊基地の襲撃である。

アメリカ大統領が自衛権を発動する前に米軍が奇襲された場合、米軍は武器を使用して応戦できる。米陸軍の『作戦法規便覧』によると、米軍はこのような武器の使用を「部隊の自衛権（ユニット・セルフ・ディフェンス）」と呼んでおり、正当防衛権の行使に該当する。これはROE（交戦法規）[33]に基づく武器の使用であって、国家の自衛権（個別的自衛権）の発動ではない。しかも、「部隊の自衛権」で防護する対象は自国の部隊である。[34]

そもそも米軍の艦船は艦対空ミサイル[35]など、自らを防護する手段を十分保有している。自衛隊が米軍を防護しようとする発想自体が滑稽である。しかも、自衛隊法第95条の2を発動するには、米軍などからの要請と防衛大臣の承認を要する。現場にいる艦長の判断では武器を使用できないので、時間的に間に合わない可能性が高い。さらに、危害射撃は正当防衛、緊急避難に限られる。したがって、法律で自衛隊が米軍の艦船などを守ることができるようになっても、そうした事態は発生しないだろう。[36]

される前の段階、すなわち小規模で偶発的な武力衝突などが発生したときの武器使用基準（警告射撃や危害射撃を実施する基準）などを定めたもので、自衛隊では部隊行動基準と呼んでいる。

（34）U. S. Army, *Operational Law Handbook*, 2012. 部隊の自衛権については、次の文献が詳しい。等雄一郎「ユニット・セルフディフェンスから見た新安保法制の論点」『レファレンス』783号、国立国会図書館、2016年4月。

（35）艦船に向かってくる敵の戦闘機やその戦闘機から発射された、対艦ミサイルを迎撃するミサイル。

（36）Q42は、福好昌治「平和安保法制を正しく理解するための八項目」（『軍事研究』2016年1月号）の一部を加筆修正した。

Q43

自衛隊の情報収集能力は高いのですか？

最大の部隊は情報本部

どの国の情報機関も秘密のベールに覆われており、公開されている情報は少ない。自衛隊の情報部隊も同様である。それでも多少は公開されている情報があるので、それらをまとめてみよう。

自衛隊には、さまざまな情報部隊がある。そのうち最大の部隊は情報本部だ。情報部隊の〝総本部〟のような機関で、陸上自衛隊、海上自衛隊、航空自衛隊の情報部隊を統合する形で（全部ではない。詳しくは後述）、1997年に創設された。

情報本部は防衛省のある市ヶ谷基地（東京都新宿区）に置かれ、防衛大臣の直轄(37)部隊である。防衛大臣が直接、情報本部長を指揮する形で、自衛官と文官の混成組織だ。本部長は自衛官（階級は将）、副本部長は文官のポストである。(38)総務部、企画部、分析部、統合情報部、地理・画像部、電波部から構成されている。

このうち統合情報部は調査対象国（主として北朝鮮、中国、ロシア。近年は中東諸国も）の軍の動きを分析し、地理・画像部は民間の偵察衛星で撮影された画像を分析する。

（37）自衛隊では、直属のことを直轄という。

（38）2016年度末の情報本部の定員は、文官573人、自衛官1911人。

日本の情報収集衛星は内閣衛星情報センターで運用されているが、同センターは防衛省に隣接しており、情報本部地理・画像部と密接に連携しているものと思われる。

情報本部の主力は電波部である。電波部は通信所で傍受された調査対象国の通信情報を分析している。通信所は東千歳（北海道千歳市）、小舟渡《こふなと》（新潟県新発田《しばた》市）、大井（埼玉県ふじみ野市）、美保（鳥取県境港市）、大刀洗《たちあらい》（福岡県筑前町）、喜界島（鹿児島県喜界町）の６カ所にある。さらに、東千歳通信所の分遣隊が稚内（北海道稚内市）、根室（北海道根室市）、奥尻島（北海道奥尻町）にある。

陸自、海自、空自の情報部隊

情報本部が発足しても、すべての情報部隊が情報本部に移管されたわけではない。陸上自衛隊、海上自衛隊、航空自衛隊は、それぞれ独自の情報組織を温存している。

陸上幕僚監部（陸幕）には運用支援・情報部があり、その中に情報課がある。市ヶ谷駐屯地[39]には中央情報隊があり、公開情報の収集・分析に従事する。東立川駐屯地（東京都立川市）には地理情報隊があり、航空写真の判読や地図作製に従事する。

地方の情報部隊もある。北部方面情報隊が札幌駐屯地に、中部方面情報隊が伊丹駐屯地（兵庫県伊丹市）に、西部方面情報隊が健軍《けんぐん》駐屯地（熊本市）に配備されている。また、稚内駐屯地に第３０１沿岸監視隊が、標津《しべつ》駐屯地（北海道標津町）に第３０２沿岸監視隊が配備されている。与那国《よなぐに》駐屯地（沖縄県与那国町）にも２０１６年３月、与那

（39）陸上自衛隊市ヶ谷駐屯地、海上自衛隊市ヶ谷基地、航空自衛隊市ヶ谷基地は同じ場所を指す。

国沿岸監視隊が配備された。[40] 防衛省は島嶼防衛の一環と説明しているが、実際は過疎対策で自衛隊を誘致しようとした与那国町の思惑と一致したからである。沿岸監視隊はレーダーや目視で、海峡を通過する艦船の動向を監視する。

海上幕僚監部(海幕)には指揮通信情報部があり、その中に情報課が設置されている。海上自衛隊には情報業務群という部隊がある。その本部は横須賀基地に置かれている。情報業務群の中には、基礎情報支援隊(市ヶ谷)、電子情報支援隊(横須賀)、作戦情報支援隊(横須賀)がある。

基礎情報は、調査対象国の軍隊の人事、編成、装備など基礎的な情報を指す。これに対して作戦情報支援隊は、調査対象国の軍隊の動きに関する情報の収集・分析を担当する。電子情報支援隊は、EP－3電子戦データ収集機やOP－3C画像データ収集機[41](どちらも岩国基地(山口県岩国市)に配備)によって収集されたデータの分析を担当している。

海上自衛隊には、情報業務群とは別に海洋業務・対潜支援群という情報部隊も編成されており、本部は横須賀基地に置かれている。その中に、第一海洋観測隊と第一音響測定隊がある。

第一海洋観測隊は横須賀基地に配備され、三隻の海洋観測艦を運用している。海洋観測艦は対潜戦[42]に必要な各種データ(海の水質、潮流、海底地形、地磁気など)を収集する。

第一音響測定隊は呉基地(広島県呉市)に配備され、二隻の音響測定艦と一隻の敷設

(40) 与那国沿岸監視隊には部隊番号は付いていない。

(41) Q49の注(86)と(87)参照。

(42) Q39の注(11)参照。

艦を運用している。音響測定艦はサータスと呼ばれる曳航式ソーナー（水中マイクロフォン）を引っ張りながら航行し、調査対象国の潜水艦の音紋[43]を収集する。音響測定艦は通信衛星で横須賀にある対潜戦センターとつながっており、洋上から収集した音響データを送信する。

敷設艦は、ソーサスと呼ばれる海底ケーブルの設置・改修を任務とする艦船である。ソーサスは、海峡を通過する潜水艦の音紋を収集するために、海底に設置された水中マイクロフォンだ。設置場所は公開されていないが、少なくとも津軽海峡と対馬《つしま》海峡東水道に設置されていることは確実である。海洋業務・対潜支援群の中には、下北海洋観測所（青森県東通《ひがしどおり》村）と沖縄海洋観測所（沖縄県うるま市）があり、ここで海洋観測艦が収集したデータを分析しているようだ。

航空幕僚監部（空幕）にも運用支援・情報部があり、その中に情報課が設置されている。航空自衛隊には作戦情報隊という情報部隊がある。その本部は横田基地（東京都福生《ふっさ》市など）に置かれている。作戦情報隊の中に電波情報収集群があり、調査対象国が発信する電波を傍受する。傍受施設は、稚内、根室、奥尻島、背振《せぶり》山（佐賀県神埼《かんざき》市）、福江島（長崎県五島市）、宮古島（沖縄県宮古島市）に配備されている。[44]

自衛隊の情報部隊の中で能力が高いと思われるのは、通信・電波傍受部門と対潜情報収集部門であろう。逆に弱いのは、ヒューミント（人による情報収集、すなわちスパイ活動）である。

（43）人間の指紋が一人ひとり異なるように、潜水艦が発する音も個々の潜水艦によって異なる。平時から個々の潜水艦の音紋を収集しておけば、有事に敵潜水艦の識別が容易になる。

（44）航空自衛隊の電波傍受施設は、情報本部電波部の通信所とは別の施設である。

Q44

政府と自衛隊の組織関係・命令系統を教えてください。

まず、防衛省と自衛隊は同じなのか違うのか、という点を確認しておこう。防衛省と自衛隊は一つのコインの表裏のような関係で、行政組織としてみた場合は防衛省と言い、実力組織として見た場合は自衛隊と言う。つまり、防衛省と自衛隊は同じものとみなしてよい。ただし、Q1で説明したように、防衛省職員＝自衛隊員ではない。大臣などは防衛省職員ではあるが、自衛隊員ではない。

政府と自衛隊の組織関係について一言で説明すると、防衛省は内閣を構成する役所の一つだから、自衛隊も政府の一部ということになる。旧日本軍のように天皇の統帥権(45)下に置かれ、政府から独立して行動できるわけではない。

民主主義国の軍隊は、いずれもシビリアン・コントロール（文民統制）のもとに置かれている。戦前の日本のように軍事独裁政権の場合は、軍隊が政治を担うので、シビリアン・コントロールとは無縁だった。

そもそも、シビリアン・コントロールとは何を意味するのであろうか。文字どおりに読めば、シビリアン（文民）が軍隊を統制することになる。では、軍隊を統制する側

(45) 天皇による旧日本軍への作戦統制権（行動時に部隊を動かす権限）。軍令とも言う。詳細は、福好昌治『平和のためのハンドブック軍事問題入門Q＆A』のQ11を参照されたい。

のシビリアンとは、どのような人たちを指すのであろうか。そして、どのような手段で統制するのであろうか。

戦後の日本では、戦前の軍部独裁への反省から、自衛隊を統制することに力が注がれた。その主役となったのが、防衛庁（当時）の内局[46]を牛耳った旧内務官僚[47]だ。すなわち、文官である内局官僚が制服組を統制していたのである。シビリアン・コントロールの実態は「文官統制」であった。

しかし、本来のシビリアン・コントロールは、政治が軍事を統制することである。統制とは、軍隊が勝手に行動しないように、法律で縛ることだ。また、統制するのは政治家（具体的には内閣総理大臣と防衛大臣[48]）であって、文官ではない。Ｑ１で説明したように、防衛省の文官も自衛隊員なのだから、文官も統制される側なのである。政府と自衛隊の命令系統は、内閣総理大臣→防衛大臣→自衛隊という関係になる。内局の文官は政策面における防衛大臣の補佐にすぎない。

さらに言えば、政治家は有権者によって選ばれた人たちだから、有権者が政治家を通じて自衛隊をコントロールするというのが、本来のシビリアン・コントロールである。自衛隊を統制する手段として、政治家である内閣総理大臣と防衛大臣が自衛隊に対する指揮命令権を保持している。そして、国会は立法権と予算承認権を使って、自衛隊を統制する。文官に任せておけばいいのではなく、有権者の自覚が必要になる。

(46)　Ｑ47参照。

(47)　戦前の内務省の官僚で、戦後防衛庁で辣腕を振るった人たち。代表的人物は後藤田正晴（後の内閣官房長官）や海原治（後の国防会議事務局長。防衛庁内では〝天皇〟と呼ばれた）。

(48)　例外として、民間人の森本敏が防衛大臣に任命された（２０１２年６～12月）。

Q45

陸幕、海幕、空幕という名称を聞きますが、何を意味しているのですか?

陸上幕僚監部(陸幕)は陸上自衛隊の最高司令部である。陸上幕僚長(陸幕長)は陸上自衛隊のトップで、階級は将[49]。同様に、海上幕僚監部(海幕)は海上自衛隊の最高司令部である。海上幕僚長(海幕長)は海上自衛隊のトップで、階級は将。航空幕僚監部(空幕)は航空自衛隊の最高司令部である。航空幕僚長(空幕長)は航空自衛隊のトップで、階級は将。陸幕長、海幕長、空幕長は、いずれも同格とされている。任期はないが、2年程度で交代することが多い。

防衛大臣の指揮命令(運用に関することを除く)は、陸幕長、海幕長、空幕長を通じて、部隊に伝達される。幕僚長の下に幕僚副長がいる。階級は将だが、各自衛隊のナンバー2というわけではない[50]。陸幕、海幕、空幕は基本的に制服組(自衛官)を中心とする組織だが、文官も少しいる。所在地はいずれも、防衛省のある市ヶ谷基地だ。

陸幕、海幕、空幕で勤務することは、将来の出世につながる。しかし、非常に忙しい職場なので(内局や防衛省以外の省庁も同様だが)、隊員から〝市ヶ谷プリズン〟とも呼ばれている。

(49) 自衛官の階級については、Q1参照。

(50) 陸上自衛隊の場合、明確に序列がついているわけではないが、ナンバー2は北部方面総監ないし東部方面総監であろう。海上自衛隊の場合は自衛艦隊司令官、航空自衛隊の場合は航空総隊司令官がナンバー2である。

陸幕は監理部[51]（総務課、会計課）、人事部（人事計画課、補任課[52]、募集・援護課、厚生課）、運用支援・情報部（運用支援課、情報課）、防衛部（防衛課、情報通信・研究課、施設課）、装備計画部（装備計画課、武器・化学[53]課、通信・電子課、航空機課）、教育訓練部（教育訓練計画課、教育訓練課）、衛生部の６つで構成されている。

部長の階級は陸将補、課長の階級は一佐である。課の中には複数の班があるが、班長の階級はほとんど一佐である。全国各地にある駐屯地司令（責任者）の多くは一佐で、駐屯地では〝お山の大将〟だが、陸幕に転勤すると〝その他大勢〟の一人となる。

６つある部のうちもっとも重要なのは防衛部、とくに防衛課である。ここで陸上自衛隊の作戦計画や部隊編成などが立案される。防衛部にはエリート中のエリートが集まる。

海幕は総務部（総務課、経理課）、人事教育部（人事計画課、補任課、厚生課、援護業務課、教育課）、防衛部（防衛課、装備体系課、運用支援課、施設課）、指揮通信情報部（指揮通信課、情報課）、装備計画部（装備需品課、艦船・武器課、航空機課）の５つで構成されている。もっとも重要なのは、やはり防衛部である。

空幕は総務部（総務課、会計課）、人事教育部（人事計画課、補任課、厚生課、援護業務課、教育課）、防衛部（防衛課、装備体系課、情報通信課、施設課、Ｆ−35Ａ[54]事業推進室）、運用支援・情報部（運用支援課、情報課）、装備計画部（装備課、整備・補給課）の５つで構成されている。

（51）管理部の誤記ではない。

（52）隊員一人ひとりの配属先と昇進を決める。

（53）この場合の化学は、化学兵器すなわち毒ガスを指す。陸上自衛隊には化学兵器防護を担当する化学科という職種がある（海上自衛隊と航空自衛隊にはない）。ただし、少量の実験用化学兵器しか所有しておらず、化学兵器を使用することはあり得ない。

（54）航空自衛隊が調達を進めている最新の戦闘機で、アメリカを中心とする国際共同開発によって生産されている。日本は、開発には参画していない。航空自衛隊向けのＦ−35Ａ１号機は２０１６年度内に航空自衛隊へ引き渡される予定。

Q46

統幕は、どういう組織ですか？

統幕とは統合幕僚監部の略称で、自衛隊の運用（作戦）を担当している。統幕の長は統合幕僚長（統幕長）。最高位の自衛官で、陸幕長、海幕長、空幕長を務めた者の中から選抜される。階級は将。統幕の所在地は防衛省のある市ヶ谷基地だ。

「統合」とは、一国内の複数の軍種(55)を一体的に運用することを指す。英語ではJointと言う。たとえば、陸上自衛隊が航空自衛隊の戦闘機による援護射撃を受けながら敵と戦う場合は、統合作戦になる。これに対し、複数の国の軍隊が協力して作戦を展開することを「共同」ないし「連合」と言う。英語では、どちらもCombinedだ。軍事用語としての「統合」や「共同」「連合」には、明確な定義がある。

統幕は2006年まで、統合幕僚会議（略称は同じ「統幕」）と呼ばれ、統幕長は「統合幕僚会議議長」と呼ばれていた。日本有事の際には、陸上自衛隊、海上自衛隊、航空自衛隊は一体的に作戦を展開しなければならない。しかし、実際には、陸上自衛隊、海上自衛隊、航空自衛隊は独自に発展してきたので、統合運用の機能はなかなか強化されなかった。たとえば、通信網も独自に構築されてきた。そのため、沿岸防衛に当

(55) 陸軍、海軍、空軍（米軍の場合、海兵隊も独立した軍種である）という区分。日本の場合、陸上自衛隊、海上自衛隊、航空自衛隊が軍種に相当する。

たる陸上自衛隊の地対艦ミサイル[56]部隊と洋上監視に当たる海上自衛隊のＰ－３Ｃ哨戒機は、いまでも通信を直接行うことができない。

これではよくないので、２００６年から運用（作戦）は統幕に一元化されることになり、統合幕僚会議は統合幕僚監部、統合幕僚会議議長は統合幕僚長（統幕長）という名称に変更された。統幕長は自衛隊の運用に関する防衛大臣のアドバイザーと位置づけられた。こうして自衛隊は統合運用体制に移行したが[57]、２０１５年までは内局[58]に運用企画局という部署があり、ここが自衛隊の運用に関するあらゆることをチェックしていた。２０１５年に防衛省設置法が改定され、運用企画局は廃止された[59]。

統幕は総務部（総務課）、運用部（運用第一課、運用第二課、運用第三課）、防衛計画部（防衛課、計画課）、指揮システム通信部（指揮通信システム企画課、指揮通信システム運用課）から構成されている。情報部がないが、情報本部統合情報部[60]が統幕の情報部的な役割を果たしており、収集・分析した情報は統幕にも伝達される。

有事には、統合任務部隊が編成される（平時には存在しない）。ただし、統幕が統合任務部隊司令部になるとは限らない。東日本大震災のときは、陸上自衛隊東北方面総監部（仙台市）を中心に自衛隊統合任務部隊司令部が編成され、指揮官には、統幕長ではなく、東北方面総監が任命された。統合任務部隊に対する防衛大臣の指揮命令は統幕長を通じて伝達されることになっており、形式上、統幕長には指揮命令権はない。だが、実際には統幕長が強い権限を有している。

（56）有事に沿岸部近くの山頂付近に配置し、日本の領域に近づいてくる敵の艦船を攻撃するミサイル。
（57）Ｑ45で述べたように、実際には、陸幕、海幕、空幕にも運用（作戦）を担当する部署が残っている。陸上自衛隊、海上自衛隊、航空自衛隊はそれぞれの利益を保持するために、運用部門を縮小しただけで、統幕に全部移管したわけではない。現実問題として、統幕だけで運用を担いきれるものではない。
（58）Ｑ47参照。
（59）詳細はＱ53参照。
（60）Ｑ43参照。

Q47

内局はどんな仕事をしているのですか？

内局は内部部局の略であり、文官によって構成されている。ただし、自衛官も多少は勤務している。彼らは制服ではなく、背広で勤務しており、見ただけでは判別できない。名刺をもらえば、階級が書いてあるので識別できる。(61)

防衛省における文官のトップは事務次官である。その下に防衛審議官というポスト(一人)があり、さらにその下に内局が位置する。つまり、事務次官と防衛審議官は内局の一員ではなく、内局の上位に位置する高級防衛官僚というわけだ。

内局は大臣官房、防衛政策局、整備計画局、人事教育局、地方協力局という5部署で構成されている。この中でもっとも影響力が大きいのは防衛政策局である。防衛政策局長は次期事務次官の有力候補とされる。

大臣官房は秘書課、文書課、企画評価課、広報課、会計課、監査課などで構成されている。

防衛政策局は重要な部署なので、少し詳しく説明しておこう。防衛政策局には防衛政策課、戦略企画課、日米防衛協力課、国際政策課、運用政策課、調査課、訓練課が

(61) 2016年度末の内局の定員は、文官1251人、自衛官48人。自衛官が内局の部員(課長補佐クラス)以上のポストに就いたことはない。

ある。それぞれの所掌事務は以下のとおりである。

①防衛政策課――防衛および警備の基本および調整に関すること

②戦略企画局――防衛および警備に関し中長期的な政策の企画・立案に関すること

③日米防衛協力課――日米防衛協力の基本および調整に関すること

④国際政策課――外国との防衛交流の企画および調整に関すること

⑤運用政策課――自衛隊の行動および防衛出動に関する計画などの基本に関すること（2015年まであった運用企画局が統幕への一元化[62]によって廃止され、新たに設置された）

⑥調査課――情報収集や秘密情報の保全（保護）

⑦訓練課――自衛隊の部隊訓練の基本に関すること

整備計画局は防衛計画課、情報通信課、施設計画課などから、人事教育局は人事教育補任課、給与課、人材育成課、厚生課などから構成されている。地方協力局は旧・地方連絡部（地連）[63]と旧・防衛施設庁[64]を合わせたような部署である。地方協力企画課、地方調整課、周辺環境整備課、防音対策課、補償課、施設管理課、提供施設課[65]、労務管理課[66]、沖縄調整官などから構成されている。

以上のように、内局はさまざまな防衛に関する業務を担っているが、その原案の多くは陸幕、海幕、空幕で作成される。内局はそれらを政策的観点（もっと具体的に言えば国会対策）からチェックする組織である。

(62) Q46参照。
(63) 自衛隊員の募集や援護などを担当していた。
(64) 自衛隊基地や米軍基地の周辺対策（防音工事の発注、基地周辺自治体への交付金［いわゆる迷惑料］、自衛隊員や米軍人による事件・事故の処理など）を担当していた。
(65) 提供施設とは、在日米軍基地のこと。
(66) この場合の労務とは、在日米軍基地で働く日本人従業員の労務。

Q48

陸上自衛隊の組織編成とその特徴を教えてください。

組織編成の基本的考え方

軍隊の組織編成は複雑である。自衛隊も同様で、とくに陸上自衛隊の組織編成は難解だ。陸上自衛隊は5つの方面隊に分かれ、各方面隊の指揮下に2～4個の師団ないし旅団が置かれている。師団や旅団という単位は軍隊特有で、一般にはなじみにくい。旅団は師団を小型化したもので、両者は普通科（歩兵）部隊、戦車部隊、特科（砲兵）部隊、通信部隊、後方支援部隊など、さまざまな職種の部隊を組み合わせて編成されている。

師団・旅団以下の単位は大きい順に連隊、大隊、中隊となる。これらは職種別に編成されている。連隊には普通科連隊、特科連隊、高射特科（対空砲）連隊、戦車連隊などがある。ただし、連隊や大隊などの定員には通常、かなりの幅がある。

防衛省の資料[67]によると、普通科連隊の定員は約560～1340人。指揮下に何個の普通科中隊を有しているかによって、規模が大きく異なるからだ。通常、普通科連隊は四個普通科中隊、重迫撃砲[68]中隊などで編成されている。ただし、第一師団と第

（67）防衛省の衆議院予算委員会提出資料、2015年。

（68）迫撃砲は普通科部隊の装備で、榴《りゅう》弾砲は特科部隊の装備。迫撃砲は、比較的近くにいる敵に向かって高角度で発射する。最大射程（砲弾が届く距離）は約5～13㎞。榴弾砲は比較的遠くにいる敵に向かって、ゆるやかな山なりの弾道（比較的低い高度）を描きながら飛翔する。最大射程は約30㎞。

五師団は五個普通科中隊を有する（普通科大隊という単位は存在しない）。

同様に特科連隊の定員も約９４０〜１５８０人と幅がある一方、高射特科連隊の定員は約４１０人で、人数の幅はない。高射特科大隊の定員は約１９０〜２６０人だ。戦車連隊の定員は約４５０人で、保有する戦車の定数は約70両。戦車大隊の定員は約１９０〜３５０人で、保有する戦車の定数は約30〜60両だ。

このほか、施設大隊、通信大隊、整備大隊、飛行隊、補給隊、輸送隊、衛生隊などがある。飛行隊はヘリコプターを保有し、整備大隊は武器の修理を行い、衛生隊は戦場で負傷兵の搬送や応急治療に従事する。

陸上自衛隊は北部方面隊、東北方面隊、東部方面隊、中部方面隊、西部方面隊の５つに分かれている。駐屯地のほとんどは、旧日本陸軍の駐屯地だった場所に開設された。また、第一普通科連隊、第二普通科連隊といった部隊の数字にはとくに意味がなく、重要な順に並んでいるわけではない。

北部方面隊の編成

北海道を担当地域とし、司令部に相当する北部方面総監部は札幌駐屯地に置かれている。定員は約３万７６００人[69]。冷戦時代から陸上自衛隊はソ連の脅威に備えて、北海道の防衛を重視していた。冷戦終結後も重点配備が続いている。軍事的合理性から見れば、北部方面隊を削減し、西部方面隊を増やしたほうがいいように思えるが、現

（69）防衛省『平成27年執務参考資料集』。この資料集には、北部方面隊とその指揮下にある師団・旅団の定員しか記載されていない。

実問題として大規模な移動は難しい。新しい駐屯地をいくつも開設しなければならず、用地取得が容易でないからだ。また、北海道には大規模な演習場が比較的多く、訓練環境に恵まれているため、部隊をとどめているという事情もある。

北部方面隊の指揮下に、第二師団、第五旅団、第七師団、第一一旅団がある。

①第二師団——司令部は旭川駐屯地。第三普通科連隊（名寄）[70]、第二五普通科連隊（遠軽《えんがる》）、第二六普通科連隊（留萌《るもい》）、第二戦車連隊（上富良野《かみふらの》）、第二特科連隊（旭川）、第二後方支援連隊[71]（旭川）などで編成。定員は約７９００人。

②第五旅団——司令部は帯広駐屯地。第四普通科連隊（帯広）、第六普通科連隊（美幌《びほろ》）、第二七普通科連隊（釧路）、第五特科隊（帯広）、第五後方支援隊[72]（帯広）などで編成。定員は約３７００人。

③第七師団——戦車部隊を中心とする機甲師団[73]と位置づけられている。司令部は千歳市の東千歳駐屯地。第一一普通科連隊（東千歳）、第七一戦車連隊（千歳市の北千歳）、第七二戦車連隊（恵庭《えにわ》市の北恵庭）、第七三戦車連隊（恵庭市の南恵庭）、第七特科連隊（東千歳）、第七高射特科連隊（新ひだか町の静内《しずない》）、第七後方支援連隊（東千歳）などで編成。定員は約６７００人。

④第一一旅団——司令部は札幌市の真駒内《まこまない》駐屯地。第一〇普通科連隊（滝川）、第一八普通科連隊（真駒内）、第二八普通科連隊（函館）、第一一特科隊（真駒内）、第一一後方支援隊（真駒内）で編成。定員は約３６００人。

(70)（　）内は所在する駐屯地名と都道府県市区町村名である。ただし、駐屯地名と市区町村名が同じ場合は市区町村名を省略した。

(71) 整備、補給、輸送、衛生を指す。施設（工兵）や通信は戦闘支援に区分される。

(72) 後方支援連隊を縮小した部隊。

(73) 陸上自衛隊では、戦車を運用する職種を機甲科と呼ぶ。

東北方面隊、東部方面隊の編成

東北地方を担当地域とする東北方面隊の総監部は、仙台駐屯地に置かれている。指揮下には第六師団と第九師団がある。東北方面隊は北海道に侵攻された場合、真っ先に増援部隊となる。そのため、人口や面積の割に重視されており、二個師団が配置されている。もろん、これは冷戦時代の発想だが、大規模な部隊の移動が困難なため、現在も変わっていない。

①第六師団――司令部は山形県東根《ひがしね》市の神町《じんまち》駐屯地。第二〇普通科連隊（神町）、第二二普通科連隊（多賀城）、第四四普通科連隊（福島）、第六特科連隊（郡山）、第六後方支援連隊（神町）などで編成。

②第九師団――司令部は青森駐屯地。第五普通科連隊（青森）、第二一普通科連隊（秋田）、第三九普通科連隊（弘前）、第九特科連隊（岩手県滝沢市の岩手）、第九後方支援連隊（青森）などで編成。

関東甲信越を担当地域とする東部方面隊の総監部は、東京都練馬区などの朝霞駐屯地に置かれている。指揮下には、第一師団と第一二旅団がある。

①第一師団――首都を防衛する部隊で、司令部は練馬駐屯地。第一普通科連隊（練馬）、第三二普通科連隊（さいたま市の大宮）、第三四普通科連隊（静岡県御殿場市の板妻《いたづま》）、第一特科隊（山梨県忍野《おしの》村の北富士）、第一後方支援連隊（練馬）などで編成。

②第一二旅団――空中機動（ヘリによる移動展開）を重視した部隊で、有事には迅速

に最前線に展開する。司令部は群馬県榛東村《しんとうむら》の相馬原《そうまがはら》駐屯地。第二普通科連隊（新潟県上越市の高田）、第一三普通科連隊（松本）、第三〇普通科連隊（新発田《しばた》）、第一二特科隊（宇都宮）、第一二後方支援連隊（練馬）、第一二ヘリコプター隊（相馬原）などで編成。

中部方面隊、西部方面隊の編成

北陸、東海、関西、中国、四国を担当地域とする中部方面隊の総監部は、兵庫県伊丹市の伊丹駐屯地に置かれている。中部方面隊の配置は他の方面隊に比べると、広く薄い。冷戦時代に、対ソ戦の前線から離れていたためだ。指揮下には、第三師団、第一〇師団、第一三旅団、第一四旅団がある。

①第三師団――司令部は兵庫県伊丹市の千僧《せんぞ》駐屯地。第七普通科連隊（福知山）、第三六普通科連隊（伊丹）、第三七普通科連隊（大阪府和泉市の信太山《しのだやま》）、第三特科隊（姫路）、第三後方支援連隊（千僧）などで編成。

②第一〇師団――司令部は名古屋市の守山駐屯地。第一四普通科連隊（金沢）、第三三普通科連隊（三重県津市の久居《ひさい》）、第三五普通科連隊（守山）、第一〇特科連隊（豊川）、第一〇後方支援連隊（春日井）などで編成。

③第一三旅団――司令部は広島県海田町の海田市《かいたいち》駐屯地に置かれている。第八普通科連隊（米子）、第一七普通科連隊（山口）、第四六普通科連隊（海田市）、第一三特科隊（岡山県奈義町の日本原《にほんばら》）、第一三後方支援隊（海田市）などで編成。

④第一四旅団――司令部は香川県善通寺市の善通寺駐屯地。第一五普通科連隊（善通寺）、第五〇普通科連隊（高知県香南市の高知）、第一四特科隊（松山）、第一四後方支援隊（善通寺）などで編成。

もし、朝鮮半島で戦争が再び勃発し、日本にも波及してきた場合、九州が最前線になる。そのため、九州と沖縄を担当地域とする西部方面隊には、面積の割に多くの部隊が配備されている。総監部は、熊本市の健軍駐屯地に置かれている。指揮下には、第四師団、第八師団、第一五旅団がある。

①第四師団――司令部は福岡県春日市の福岡駐屯地。第一六普通科連隊（大村）、第四〇普通科連隊（北九州市の小倉）、第四一普通科連隊（別府）、第四特科連隊（久留米）、第四後方支援連隊（福岡）などで編成。

②第八師団――司令部は熊本市の北熊本駐屯地。第一二普通科連隊（鹿児島県霧島市の国分）、第二四普通科連隊（えびの）、第四二普通科連隊（北熊本）、第四三普通科連隊（都城）、第八特科連隊（北熊本）、第八後方支援連隊（北熊本）などで編成。

③第一五旅団――司令部は沖縄県の那覇駐屯地。第五一普通科連隊（那覇）、第一五後方支援隊（那覇）、第一五高射特科連隊（八重瀬）などで編成。

なお、どの方面隊にも所属しない防衛大臣直轄部隊として、中央即応集団（司令部は神奈川県相模原市の座間駐屯地）などがある。(74)

(74) とくに注記したもの以外、Ｑ48のデータは『防衛ハンドブック２０１６』、および『２０１６自衛隊現況』（防衛日報社）による。

Q49

海上自衛隊の組織編成とその特徴を教えてください。

諸外国の軍隊と同様に、海上自衛隊にも艦船の部隊と航空機の部隊がある。艦船部隊は艦船の組み合わせによって編成されている。また、海を行動の場とする航空機は、海上自衛隊の所属である（ほとんどの外国海軍も同様）。

海上自衛隊の主要部隊は、自衛艦隊の指揮下に置かれている。自衛艦隊司令部は神奈川県の横須賀基地(75)に置かれており、司令官の階級は将。自衛艦隊は護衛艦隊、潜水艦隊、掃海隊群(76)、開発隊群、海洋業務・対潜支援群と、航空集団から編成されている。艦船だけでなく、航空機部隊も自衛艦隊の指揮下にあるわけだ。

護衛艦隊

護衛艦隊はその名のとおり、護衛艦を中心とする部隊である。護衛艦という名称は日本独特で、外国海軍の巡洋艦、駆逐艦、フリゲイト(77)に相当する。水上艦船では、空母を除いて、巡洋艦が一番大きく、駆逐艦、フリゲイトと続く。現在、どこの国の海軍にも戦艦は存在しない。

(75) 煩雑になるため、とくに必要な場合を除き、以下「基地」という言葉は省略する。
(76) Ｑ41の注(28)参照。
(77) 軍艦の一種で、比較的小型の水上戦闘艦。

護衛艦隊司令部も横須賀に置かれており、司令官の階級は将。護衛艦隊の主力は、四つある護衛隊群だ。

第一護衛隊群は横須賀に司令部を置いており、指揮下に第一護衛隊と第五護衛隊がある。第一護衛隊は横須賀に配備され、4隻の護衛艦を保有している。そのうちの1隻は最新のヘリコプター護衛艦「いずも」である。「いずも」には、哨戒ヘリ7機と輸送・救難ヘリ2機を搭載できる。実質的にはヘリ空母と言ってよい。第五護衛隊は佐世保に配備され、4隻の護衛艦を保有している。そのうちの1隻はイージス護衛艦(78)「こんごう」である。

他の護衛隊群も同様だが、護衛隊群の指揮下にある艦船がすべて同じ基地を母港としているわけではない。護衛隊の艦船数はいずれも4隻である。また、海上自衛隊の艦船のほとんどは、横須賀、佐世保(長崎県)、舞鶴(京都府)、呉(広島県)、大湊(青森県むつ市)の5つを定係港(母港)としている。いずれも旧日本海軍の軍港だった。

第二護衛隊群は佐世保に司令部を置いており、指揮下に第二護衛隊と第六護衛隊がある。第二護衛隊は佐世保に配備されており、4隻の護衛艦を保有している。そのうちの1隻はイージス護衛艦「あしがら」である。第六護衛隊は横須賀に配備されており、4隻の護衛艦を保有している。そのうちの1隻はイージス護衛艦「きりしま」である。

第三護衛隊群は舞鶴に司令部を置いており、指揮下に第三護衛隊と第七護衛隊がある。第三護衛隊は大湊に司令部を置いているが、配属されている4隻の護衛艦のう

(78)　Q36の注(41)参照。

ち、2隻（ヘリコプター護衛艦「ひゅうが」とイージス護衛艦「あたご」）は舞鶴を定係港としている。第七護衛隊は舞鶴に司令部を置いており、4隻の護衛艦を保有している。そのうちの2隻が舞鶴を定係港としており、その1隻はイージス護衛艦「みょうこう」である。残りの2隻は大湊を定係港としている。(79)

第四護衛隊群は呉に司令部を置いており、指揮下に第四護衛隊と第八護衛隊がある。第四護衛隊は呉に司令部を置いており、4隻の護衛艦を保有している。そのうちの一隻はヘリコプター護衛艦「いせ」である。第八護衛隊は佐世保に司令部を置いており、4隻の護衛艦を保有している。そのうちの1隻はイージス護衛艦「ちょうかい」である。

このほか、護衛艦隊直轄の部隊として、第一一護衛隊（横須賀）、第一二護衛隊（呉）、第一三護衛隊（佐世保）、第一四護衛隊（舞鶴）、第一五護衛隊（大湊）がある。いずれも旧式化した護衛艦や小型の護衛艦で編成されており、第一～第四護衛隊群所属の艦船よりも能力が劣る。また、直轄部隊には、補給艦5隻からなる第一海上補給隊（横須賀）なども ある。

潜水艦隊、掃海隊群など

潜水艦隊も横須賀に司令部を置いている。潜水艦隊司令官の階級は将。潜水艦隊は第一潜水隊群と第二潜水隊群に分かれている。第一潜水隊群は呉に司令部を置いてお

(79) 第三護衛隊と第七護衛隊に所属する護衛艦以外の護衛艦は、護衛隊司令部と同じ基地を定係港としている。

り、指揮下に第一潜水隊（潜水艦４隻）、第三潜水隊（潜水艦３隻）、第五潜水隊（潜水艦３隻）がある。いずれの潜水艦も呉を定係港としている。第二潜水隊群は横須賀に司令部を置いており、指揮下に第二潜水隊（潜水艦３隻）、第四潜水隊（潜水艦４隻）と潜水艦救難母艦[80]「ちよだ」がある。いずれの艦船も横須賀を定係港としている。

掃海隊群は横須賀に司令部を置いている。掃海隊群の任務は掃海と陸上自衛隊の上陸部隊の輸送である。掃海隊群司令[81]の階級は将補。掃海隊群の指揮下には、第一掃海隊（掃海艇３隻、いずれも定係港は呉）、第二掃海隊（掃海艇３隻、いずれも定係港は佐世保）、第五一掃海隊（掃海艦[82]３隻、いずれも定係港は横須賀）、第一輸送隊（輸送艦３隻、いずれも定係港は呉）がある。

開発隊群は装備の研究開発を担当する部隊で、横須賀に配備されている。開発隊群司令の階級は将補。開発隊群は試験艦「あすか」を保有している。「あすか」は海上で装備の試験を行うときに使用される。

自衛艦隊の指揮下には、海洋業務・対潜支援群という秘密度の高い部隊も置かれている。海洋業務・対潜支援群は、対潜戦[83]に必要な情報を収集・分析する部隊である。司令部は横須賀に置かれており、司令の階級は将補。

海洋業務・対潜支援群の指揮下には、第一海洋観測隊、第一音響測定隊と敷設艦「むろと」がある。

第一海洋観測隊は横須賀に置かれており、３隻の海洋観測艦を保有している。海洋

(80) 沈没した潜水艦から乗員を救出するための装置を備えた艦船。
(81) 「群」以下の大きさの部隊になると、司令官ではなく、司令と言う。
(82) 基準排水量（艦船の大きさを表す単位）一〇〇〇トンの「やえやま」型のみ掃海艇ではなく、掃海艦と呼ばれる。掃海艇は基準排水量一〇〇〇トン未満の船である。
(83) Q39の注(11)参照。

観測艦は対潜戦に必要な海水の水質、潮流、海底地形などを調べる艦船である。兵器は搭載していない。

第一音響測定隊は呉に配備されており、2隻の音響測定艦を保有している。音響測定艦はサータスと呼ばれる音響探知機を取り付けた艦船で、中国海軍などの潜水艦が発する音を収集している。兵器は搭載していない。敷設艦「むろと」は、海底ケーブルの設置や修復を担当する。海底ケーブルは津軽海峡や対馬海峡などに設置されていると言われており、海峡を通過する中国海軍などの潜水艦の音を収集している。

航空集団

航空集団は神奈川県の厚木基地(綾瀬市)に司令部を置いている。本土の航空基地は、いずれも旧日本軍の航空基地だった。司令官の階級は将。航空集団の指揮下には、第一航空群、第二航空群、第四航空群、第五航空群、第二一航空群、第二二航空群、第三一航空群などがある。航空群司令の階級は将補。

第一航空群は鹿児島県の鹿屋《かのや》に配備されており、その指揮下には第一航空隊などがある。第二航空群は青森県の八戸に配備されており、その指揮下には第二航空隊などがある。第四航空群は厚木に配備されており、その指揮下には第三航空隊などがある。第五航空群は沖縄県の那覇に配備されており、その指揮下に第五航空隊などがある。

第一、第二、第三、第五航空隊はP-3C哨戒機を保有する部隊で、各航空隊に約

(84) P-1哨戒機はP-3C哨戒機よりも速度が速い。潜水艦の音を収集・識別する能力も向上していると思

一〇機配備されている。海上自衛隊は国産で新型のＰ－１哨戒機(84)の配備を進めており、第三航空隊の哨戒機の一部はＰ－３ＣからＰ－１に更新されている。いずれ、すべてのＰ－３ＣがＰ－１に更新される。

第二一航空群は千葉県の館山に配備されている。その指揮下には、第二一航空隊（ＳＨ－60Ｊ哨戒ヘリ、ＳＨ－60Ｋ哨戒ヘリ(85)計約10機を保有）、第二三航空隊（ＳＨ－60Ｋ哨戒ヘリ約一〇機を保有）、第二五航空隊（ＳＨ－60Ｊ哨戒ヘリ約10機を保有）、第七三航空隊（ＵＨ－60Ｊ救難ヘリ数機を保有）などがある。

第二二航空群は長崎県の大村に配備されている。その指揮下には、第二二航空隊（ＳＨ－60Ｊ／Ｋ哨戒ヘリ約一〇機を保有）、第二四航空隊（ＳＨ－60Ｊ哨戒ヘリ約10機を保有）、第七二航空隊（ＵＨ－60Ｊ救難ヘリ数機を保有）などがある。

第三一航空群は山口県の岩国に配備されている。その指揮下には第八一航空隊などがある。第八一航空隊はＥＰ－３電子データ収集機(86)やＯＰ－３Ｃ画像データ収集機(87)を保有している。

自衛艦隊に所属していない部隊として、横須賀地方隊、呉地方隊、佐世保地方隊、舞鶴地方隊、大湊地方隊がある。地方隊は沿岸防衛を任務としているが、平時は掃海艇など少数の艦船しか保有していない。有事に護衛艦隊から護衛艦を派遣してもらい、それを使って作戦を展開することになっている(88)。

われる。なお、米海軍は旧式化したＰ－３Ｃ哨戒機を順次退役させ、最新のＰ－８哨戒機へ更新中だ。

（85）ＳＨ－60Ｋ哨戒ヘリはＳＨ－60Ｊ哨戒ヘリの後継となる最新の哨戒ヘリ。どちらも洋上監視と対潜戦を任務としている。

（86）洋上で外国の艦船や航空機などから発信される電波を傍受する。機数は不明だが、きわめて少数と思われる。

（87）洋上で外国の艦船や航空機などの画像を撮影する。機数は不明だが、きわめて少数と思われる。

（88）Ｑ49のデータは『防衛ハンドブック２０１６』『２０１６自衛隊現況』、および『世界の艦船』２００６年７月号増刊「海上自衛隊２０１６－２０１７」を参照した。

Q50

航空自衛隊の組織編成とその特徴を教えてください。

航空自衛隊の主力部隊は航空総隊という組織である。戦闘機部隊はすべて航空総隊に配属されている。航空総隊司令部は東京都福生市はじめ5市1町にまたがる米軍横田基地の一角に置かれている。米軍横田基地の一部を日本側に返還し、そこに航空総隊司令部を移転させたわけだ（2012年3月）。その前は東京都府中市の府中基地に置かれていた。(89) 航空総隊司令官の階級は将。

航空総隊は、北部航空方面隊（三沢）、中部航空方面隊（埼玉県狭山市の入間《いるま》）、西部航空方面隊（福岡県春日市の春日）、南西航空混成団（那覇）、および航空総隊司令部直轄部隊で編成されている。(90) 北部航空方面隊、中部航空方面隊、西部航空方面隊の司令官の階級は将である。南西航空混成団司令の階級も将だが、司令官ではなく司令と言う。

戦闘機部隊

敵の侵攻があった場合、それを空中で迎え撃つのが戦闘機部隊の任務である。戦闘機が配備されている本土の基地は、旧日本軍の基地だった。

(89) 煩雑になるので、とくに必要な場合を除き、以下「基地」という言葉は省略する。
(90) （ ）内は司令部の所在基地名。

北部航空方面隊指揮下の戦闘機部隊は、第二航空団と第三航空団である。航空団司令の階級は将補。[91] 第二航空団は北海道の千歳に配備されており、その指揮下に第二〇一飛行隊（Ｆ－15戦闘機約20機）と第二〇三飛行隊（Ｆ－15戦闘機約20機）がある。第三航空団は三沢に配備されており、その指揮下に第三飛行隊（Ｆ－２戦闘機約20機）がある。Ｆ－15戦闘機は空中戦を主任務とし、Ｆ－２戦闘機は対艦攻撃（敵の艦船をミサイルで攻撃すること）を主任務とする。Ｆ－35Ａ戦闘機[92]が航空自衛隊に引き渡されれば、三沢に配備される予定だ。

中部航空方面隊指揮下の戦闘機部隊は、第六航空団と第七航空団である。第六航空団は石川県の小松に配備されており、その指揮下に第三〇三飛行隊（Ｆ－15戦闘機約20機）と第三〇六飛行隊（Ｆ－15戦闘機約20機）がある。第七航空団は茨城県小美玉《おみたま》市の百里に配備されており、その指揮下に第三〇一飛行隊（Ｆ－４戦闘機約20機）と第三〇二飛行隊（Ｆ－４戦闘機約20機）がある。

西部航空方面隊指揮下の戦闘機部隊は、第五航空団と第八航空団である。第五航空団は宮崎県新富町の新田原《にゅうたばる》に配備されており、その指揮下に第三〇五飛行隊（Ｆ－15戦闘機約20機）がある。第八航空団は福岡県築上《ちくじょう》町の築城《ついき》に配備されており、その指揮下に第六飛行隊（Ｆ－２戦闘機約20機）と第八飛行隊（Ｆ－２戦闘機約20機）がある。

南西航空混成団指揮下の戦闘機部隊は第九航空団で、那覇に配備されている。その指揮下には第二〇四飛行隊（Ｆ－15戦闘機約20機）と第三〇四飛行隊（Ｆ－15戦闘機約20機）

(91)　他の航空団司令の階級も将補。

(92)　Ｑ36の注(46)参照。

がある。那覇の戦闘機部隊が一個から二個飛行隊に増えたのは、２０１６年1月だ。

警戒管制部隊

北部、中部、西部航空方面隊の中には、航空警戒管制団という部隊がある(南西航空混成団の場合は航空警戒管制群)。航空警戒管制団はレーダーで領空を監視し、領空に近づく国籍不明機(主に中国軍機とロシア軍機)があれば、戦闘機に緊急発進(スクランブルという)を命じる。北部、中部、西部航空警戒管制団司令の階級は将補で、南西航空警戒管制隊司令の階級は一佐だ。

航空警戒管制団を構成する主要な部隊は警戒群ないし警戒隊と、防空指令所を運用している防空管制群である。[93]レーダーサイトは離島や沿岸部の山頂に設置されている。所在地は以下の28カ所である。

北海道の稚内、網走、根室、当別《とうべつ》、えりも町の襟裳《えりも》、奥尻町の奥尻島、青森県むつ市の大湊、岩手県の山田、秋田県男鹿市の加茂、福島県川内村の大滝根山、千葉県南房総市の峯岡山、新潟県の佐渡、石川県の輪島、静岡県の御前崎、三重県津市の笠取山、和歌山県の串本、京都府京丹後市の経ヶ岬《きょうがみさき》、島根県松江市の高尾山、山口県萩市の見島《みしま》、佐賀県神埼《かんざき》市の背振山《せふりやま》、長崎県対馬市の海栗島《うにしま》、長崎県五島市の福江島、宮崎県串間市の高畑山《たかはたやま》、鹿児島県川内市の下甑島《しもこしきじま》、鹿児島県知名《ちな》町の沖永良部島《おきのえらぶじま》、沖縄県の久米島、糸満市の与座岳《よざたけ》、宮古島。

(93) 防空指令所の上級指揮所もあるが、専門的な内容になるので省略する。警戒群ないし警戒隊はレーダーサイトを運用している部隊で、規模の大きいのが警戒群。

地対空ミサイル部隊

北部、中部、西部航空方面隊および南西航空混成団には、高射群と呼ばれる地対空ミサイルの部隊がある。航空自衛隊が保有している地対空ミサイルは、航空機撃墜用のＰＡＣ《パック》－２と弾道ミサイル撃墜用のＰＡＣ－３だ。すべての高射群に、ＰＡＣ－２とＰＡＣ－３が配備されている。すべての高射群司令の階級は一佐である。

北部航空方面隊の指揮下には、第三高射群と第六高射群がある。第三高射群の本部は千歳に置かれており、指揮下に第九高射隊（千歳）、第一〇高射隊（千歳）、第一一高射隊（北海道長沼町の長沼分屯基地[94]）、第二四高射隊（長沼）がある。第六高射群の本部は三沢に置かれており、指揮下に第二〇高射隊（北海道八雲町の八雲分屯基地）、第二一高射隊（青森県つがる市の車力《しゃりき》分屯基地）、第二二高射隊（車力）、第二三高射隊（八雲）がある。

中部航空方面隊の指揮下には、第一高射群と第四高射群がある。第一高射群の本部は入間に置かれており、指揮下に第一高射隊（習志野）、第二高射隊（横須賀市の武山分屯基地）、第三高射隊（茨城県土浦市の霞ケ浦分屯基地）、第四高射隊（入間）がある。第四高射群の本部は岐阜に置かれており、指揮下に第一二高射隊（滋賀県高島市の饗庭野《あいばの》分屯基地）、第一三高射隊（岐阜）、第一四高射隊（三重県津市の白山《はくさん》分屯基地）、第一五高射隊（岐阜）がある。

西部航空方面隊の指揮下には、第二高射群がある。本部は春日に置かれており、指

(94)　基地よりも規模の小さいところを分屯基地と言う。

揮下に第五高射隊（芦屋）、第六高射隊（芦屋）、第七高射隊（築城）、第八高射隊（福岡県久留米市の高良台《こうらだい》分屯基地）がある。

南西航空混成団の指揮下には、第五高射群がある。本部は那覇に置かれており、指揮下に第一六高射隊（沖縄県南城市の知念分屯基地）、第一七高射隊（那覇）、第一八高射隊（知念）、第一九高射隊（恩納《おんな》）がある。

警戒航空隊、偵察航空隊、輸送航空隊

航空総隊の直轄部隊には、警戒航空隊、偵察飛行隊などがある。

警戒航空隊はE－2C早期警戒機とE－767早期警戒管制機を運用する部隊である。E－2C早期警戒機は〝空飛ぶレーダーサイト〟とでも言うべき航空機で、レーダーサイトでは探知できない遠方や死角となる低空域で敵機を探知することを任務とする。兵器は搭載していない。E－767早期警戒管制機は〝空飛ぶレーダーサイト＋管制塔〟とでも言うべき航空機で、E－2Cの機能に加えて、空中で味方の戦闘機に情報を提供して、攻撃を指示する機能も有する。

警戒航空隊の本部は浜松に置かれており、司令の階級は一佐。指揮下には、第六〇一飛行隊（三沢、E－2C早期警戒機約10機）、第六〇二飛行隊（浜松、E－767早期警戒管制機4機）、第六〇三飛行隊（那覇、E－2C早期警戒機約10機）がある。

偵察航空隊は百里に配備されており、第五〇一飛行隊（RF－4偵察機約10機）を運用

している。だが、偵察飛行隊は近い将来に廃止されることになっており、航空自衛隊から有人の偵察機は存在しなくなる。

その後はアメリカから輸入予定の無人偵察機グローバル・ホークで、地上の様子を監視することになる。ただし、グローバル・ホークは航空自衛隊で所有するのではなく、陸上、海上、航空自衛隊で共有する予定だ。

航空総隊とは別に航空支援集団という組織もある。主に輸送機を運用している部隊だ。航空支援集団司令部は府中に置かれており、司令官の階級は将。指揮下には、第一輸送航空隊、第二輸送航空隊、第三輸送航空隊などがある。

第一輸送航空隊は愛知県の小牧に配備されており、指揮下に第四〇一飛行隊（Ｃ－１３０輸送機約10機）と第四〇四飛行隊（ＫＣ－７６７空中給油・輸送機４機）がある。ＫＣ－７６７空中給油・輸送機は飛行中の戦闘機に空中で給油を行う航空機で、人員・物資の輸送にも使用できる。

第二輸送航空隊は入間に配備されており、指揮下に第四〇二飛行隊（Ｃ－１輸送機、Ｕ－４多用途支援機[95]、計約10機）がある。

第三輸送航空隊は美保に配備されており、指揮下に第四〇三飛行隊（Ｃ－１３０輸送機、ＹＳ－11輸送機、計約10機）がある。[96]

（95）小型貨物や要人の輸送などに使用される。輸送機にも多用途機にも兵器は搭載されていない。

（96）Ｑ50のデータは、『防衛ハンドブック２０１６』『２０１６自衛隊現況』、防衛省の衆議院予算委員会提出資料、および小松博之「航空自衛隊の組織編成と未来予想」（『丸』２０１６年８月号別冊）を参照した。

Q51

水陸機動団とはどのような部隊ですか？

Q38で述べたように、冷戦の終結とソ連の解体によって、本土防衛を主任務とする陸上自衛隊は存在意義を問われるようになった。災害派遣とPKOだけでは、15万人近くの人員を保持する根拠にならない。だからといって、本土への大規模な武力攻撃を想定するのも現実的ではない。

そこで、陸上自衛隊は島嶼防衛という新しい任務を思いつく。中国と名指しはしないものの、尖閣諸島や先島諸島への侵攻を有事シナリオとして想定し、島嶼防衛を重視すべきと主張したのである。具体的には、島への上陸作戦を敢行する部隊を編成し、水上と地上の両方を走れる水陸両用車も調達することにした。

尖閣諸島の領有権問題をめぐる日中間の対立が深刻化していることもあって、島嶼防衛構想の非現実性を問題視する声は現在ほとんど聞かれない。その結果、「水陸機動団」（仮称）という部隊が、2017年度中に新編されることになった。敵に占領された島を奪回する部隊、すなわち日本版〝海兵隊〟である。

水陸機動団は佐世保市の相浦《あいのうら》駐屯地に配備される予定だ。すでに、15年も前の20

０２年３月から相浦に、西部方面普通科連隊（編成時の定数は約６６０人）という上陸作戦を主任務とする部隊が編成されている。水陸機動団は、この連隊を大きく拡充する形で編成される。定員は約３０００人で、三個の水陸機動連隊などから構成される。水陸機動団はＡＡＶ７という水陸両用車に乗って、島に向かう。あるいは護衛艦「いずも」などの艦上から、オスプレイや輸送ヘリに乗って島に着陸する。

ＡＡＶ７はアメリカ製で、沿岸部の海上と陸上の両方を走ることができる。まだ配備されていないが、２０１５年度に30両、16年度に11両を調達する予算が付いている。全部で52両を調達する予定である。

しかし、水陸機動団による島嶼奪回作戦は可能なのだろうか。上陸作戦を敢行するためには、その前に島周辺の航空優勢と海上優勢(97)を確保する必要がある。島だけでなく、周辺海空域も敵の支配下にあるならば、水陸機動団を島に近づけることすら難しい。敵が待ち構えている状況で、島に向かってＡＡＶ７を発進させたら、蜂の巣状態にされるだけである。オスプレイや輸送ヘリによる着上陸(98)も、とても無理だ。

島を奪回するためには、まず航空攻撃や艦砲射撃によって、島に上陸した敵を撃破しなければならない。その後で、水陸機動団が上陸作戦を敢行するという順序になるはずだ。航空攻撃や艦砲射撃が成功すれば、ほぼ無血上陸となろう。島嶼防衛においては、島そのものを守ることよりも、周辺海空域での海上・航空優勢の確保が重要になる。水陸機動団は無用の長物になるのではないか。

(97)　空や海において、敵よりもかなり有利な状況を確保している状態を指す。制空権、制海権の確保に近い状態を意味する。

(98)　ヘリや輸送機で島に着陸することと、海岸から上陸することを合わせて、着上陸という。

Q52

自衛隊にも特殊部隊はありますか？

陸上自衛隊に特殊作戦群、海上自衛隊に特別警備隊という特殊部隊がある。米軍、イギリス軍、オーストラリア軍、韓国軍、北朝鮮軍、中国軍、ロシア軍など、主要な国の軍隊は特殊部隊を保有している。たとえば、米軍特殊部隊の任務は、人質奪回作戦、ゲリラ的な襲撃作戦、他国軍による対テロ作戦の支援、他国における親米武装勢力の育成などである。

陸上自衛隊の特殊作戦群は２００４年３月に編成された。所在地は千葉県の習志野駐屯地。群長の階級は一佐で、発足時の隊員数は約３００人である。公表されている情報はこのくらいしかない。特殊作戦群は厚いベールに覆われている。中央即応集団[99]発足式典（２００７年３月）に登場したときも、群長以外は顔がばれないように目出し帽をかぶっていた。そのため実態を把握するのはきわめて困難なのだが、公刊物に断片的に報じられた情報を記しておく。

米陸軍ジョン・Ｆ・ケネディ特殊戦センター・スクールの機関誌『スペシャル・ウォーフェア』（２０１４年１～３月号）に、特殊作戦群に関する記述が少しだけ掲載さ

（99）防衛大臣直轄部隊で、第一空挺団、特殊作戦群、第一ヘリコプター団、中央即応連隊、中央特殊武器防護隊、国際活動教育隊などで編成。

れていた。(100)　それによると、太平洋地域を担当している米陸軍第一特殊部隊群（Special Forces Group）は、陸上自衛隊の特殊作戦群と「サイレント・イーグル」という名称の共同訓練を定期的に実施している。通常、毎年秋にワシントン州のルイス・マッコード基地で行うという。しかし、この演習について、防衛省からの発表はまったくない。「サイレント・イーグル」の詳細は不明だが、特殊作戦群には政治的な制約があるようで、(101)「日本の部隊は防衛的な部隊として訓練を受けているだけで、他のパートナー国の特殊部隊に教えているスキルとは異なっている」と記述されている。敵国に密かに侵入して秘密活動を展開するような訓練は、受けていないのであろう。

陸上自衛隊がイラクに派遣される前には、日本国内で特殊作戦群の隊員から射撃、とくに至近距離射撃の指導を受けている。(102)

海上自衛隊の特別警備隊は２００１年3月に発足した。所在地は広島県の江田島基地で、隊長の階級は一佐。発足時の隊員数は約70人。任務は、不審船（工作船）に乗り込んで、武器や違法物資などを積んでいないか検査をすることである。特別警備隊は特殊なゴムボートで不審船に近づき、はしごをかけて乗船する。ヘリコプターからロープを垂らし、捕まりながら降下することもある。不審船の乗員が武器を使って抵抗することも考えられるので、きわめて危険な任務を担っている。特別警備隊も厚いベールに覆われており、詳細は不明である。(103)

（100）1st Special Forces Group (Airborne) in the PACOM AOR, *Special Warfare*, U. S. Army John F.Kennedy Special Warfare Center and School, January-March, 2014.

（101）海外で密かに活動すると日本国内で大きな問題になり、国会で追及されることは必至だ。そうした活動の根拠となる法令もない。

（102）陸上幕僚監部『イラク復興支援活動行動史　第2編』２００８年。

（103）パラシュート降下部隊である陸上自衛隊の第一空挺団は、特殊部隊に分類されていない。陸上自衛隊はレンジャーの訓練を実施しているが、レンジャー部隊は編成されていない。レンジャーとは、ゲリラ的な行動で敵基地を襲撃したり、人質奪回作戦を実施する特殊部隊である。

Q53

制服組と文官の関係は良好なのですか?

ある程度大きな組織になれば、派閥争いが生じる。少なくとも冷戦終結までは、文官(とくにキャリア官僚)が制服組の台頭を抑えていた面があったことは否定できない。戦前の軍国主義に対する反省から、文官が自衛官の暴走を抑えればよいという考え方が強かった。そのため、防衛省(防衛庁)は〝自衛隊管理庁〟(これには、政策を立案する官庁ではないという意味が含まれている)と揶揄されていた。

しかし、冷戦終結後、自衛隊がPKO、インド洋派遣、イラク派遣といった活動に参加するようになると、実務を担当する自衛官の発言力も徐々に強くなる。そうした状況下、石破茂・防衛大臣(2007年9月~08年8月)のイニシアティブで、防衛省改革が始まった。その目的は、内局、陸上自衛隊、海上自衛隊、航空自衛隊といった個々の組織の利益で行動するのではなく、防衛省全体の利益を考えて行動するように、自衛隊員の意識を改革することだ。石破の表現によれば、「全体最適」である。

こうした防衛省改革の一環として提唱されたのが、統幕への運用(作戦)の一元化である。Q46で解説したように、運用に関することはすべて統幕の担当とする構想だ。

防衛省改革は民主党政権の誕生でいったん頓挫したが、第二次安倍政権以降、再び動き出す。その結果、2015年に防衛省設置法第12条（官房長及び局長並びに防衛装備庁長官と幕僚長との関係）が改定された。

それまでは陸幕、海幕、空幕から上がってくる計画案を内局がチェックしたうえで、防衛大臣の決裁を求めるという仕組みになっており、「文官統制」と揶揄されていた。しかし、第12条の改定によって、内局の官房長・局長と統幕長・陸幕長・海幕長・空幕長は対等な関係とされた。要するに、内局の文官は政策的見地から防衛大臣を補佐し、統幕長などは軍事的見地から防衛大臣を補佐するという関係になったわけだ。ただし、彼らの上に事務次官が位置している構図は変わらない。

また、統幕への運用の一元化に伴い、内局の運用企画局は廃止され、統幕副長級の文官ポストとして、統括官が統幕に新設された。さらに、文官5人が参事官という上級ポストに任命された（自衛官の参事官は1名だけ）。もともと統幕は自衛官を中心とする組織であるが、現在は文官もたくさん勤務する混合組織に近い存在になっている。[104]

このような組織再編が功を奏すれば、文官と自衛官の対立もかなり緩和されるだろうが、そうなるかどうかは予断を許さない。本来、統幕は軍事的機能を担当する部署なので、そこに文官を配置するのが適当かどうかという問題もある。統幕の文官が自衛官の監視役になってしまえば、改革の意味がない。

（104）２０１６年度末の統幕の定員は、自衛官３６８人、文官１６３人。

Q54

自衛隊と軍隊は結局どこが違うのですか？ 自衛隊は軍隊ではないのですか？

自衛隊は紛れもない「軍隊」である。外国でも「軍隊」として扱われている。実際、自衛隊は690両の戦車、47隻の護衛艦、347機の戦闘機などを保有している。米軍には遠く及ばないとしても、アジアでは有数の戦力である。

一方、他国の軍隊とは異なる点も少なくない。よく言われるのが、独特の名称を使用している点だ。たとえば、旧日本軍の大佐に相当する階級を一佐と呼んでいる。大将・中将・少将という階級はなく、将や将補と呼ばれる。外国軍では巡洋艦（クルーザー）、駆逐艦（デストロイヤー）と呼ばれる大型水上戦闘艦は、自衛隊では護衛艦と呼ばれている。

軍刑法や軍法会議がないという点も、特異性としてよく指摘される。防衛大学校も他国の士官学校とは性格を異にする。幹部自衛官を要請するための学校という点では士官学校と言えるが、他国の士官学校とは異なり、卒業後、さらに自衛隊の幹部候補生学校で1年間の教育を受けないと幹部自衛官に昇進できない(105)。

自衛隊の特異性は、これだけではない。最大の特異性は世界でもっとも命を大事に

(105) 防衛大学校については Q6を参照されたい。

する「軍隊」という点だ。どこの国の軍隊でも、ある程度の犠牲は覚悟のうえで、部隊を戦地ないし危険地帯に派遣する。事実、米軍、イギリス軍、オーストラリア軍などは、アフガニスタンやイラクなどで多数の戦死者を出している。旧日本軍も兵士を消耗品のように扱っていた。

しかし、１９５４年の創設以来、自衛隊は一人の戦死者も出していない。日本の領域が戦場にならなかったからだが、それだけが戦死者ゼロの要因ではない。ペルシャ湾への掃海艇派遣（１９９１年）以降、自衛隊はカンボジア、東ティモール、インド洋、イラク、南スーダンなどに派遣されている。こうした海外派遣における殉職者も皆無だ。

海外派遣に際して、自衛隊はできるだけ安全な場所を選び、比較的危険度の低い任務に従事してきた。９・11テロ（２００１年）の後、アメリカから陸上自衛隊のアフガニスタン派遣を要請されたが、日本政府はこれを断り、代わりに海上自衛隊の補給艦などをインド洋に派遣した。きついけれど、命を落とす危険性は低い任務である。

自衛隊はイラク派遣でも犠牲者ゼロを追求した。陸上自衛隊が編纂した『イラク復興支援活動行動史　第１編』には、「（２００３年）６月中旬に陸幕長から『イラク対応は隊員の安全確保が第一』との指導を受けて」[106]という記述がある。海外派遣において、自衛隊は全員生きて帰ることを何よりも優先している。この意識は自衛隊のみならず、政府・自民党にもおおむね共有されているようだ。このような「軍隊」は自衛隊だけであろう。[107]

(106) 陸上幕僚監部『イラク復興支援活動行動史　第１編』２００８年。
(107) Ｑ54は、福好昌治『平和のためのハンドブック軍事問題入門』のＱ３を加筆修正したものである。

第4章
自衛隊の歴史

Q55

陸上自衛隊の前身である警察予備隊は、いつ、なぜ、つくられたのですか?

１９５０年６月25日、北朝鮮は突如、韓国に侵攻した。朝鮮戦争の勃発である。日本を占領していたＧＨＱ（連合国軍総司令部）のダグラス・マッカーサー最高司令官は７月８日、「日本警察力の増強に関するマッカーサー元帥の吉田首相への書簡」を発し、警察予備隊７万５０００人の創設と海上保安庁の８０００人増員を指示した。

しかし、朝鮮戦争の勃発によって、ＧＨＱが突如、日本の非武装化政策を転換させたわけではない。ＧＨＱは日本占領当初は旧日本軍を解隊し、旧軍人を公職追放し、軍需産業も解体した。だが、少なくとも１９４７年には米ソ冷戦が誰の目にも明らかになっていく。

そこで、アメリカは日本の非武装化政策の転換を検討するようになる。たとえば、国務省は１９４７年後半ごろから、講和条約成立後の日本の防衛組織について、①日本は外部からの攻撃に対してアメリカの軍事力に依存する、②十分な武装警官隊（コンスタビュラリー）[1]の設置および警察力を増強する、③これらの武装力は侵略に対する防衛に使用するため増強の可能性を妨げない、という構想を立案していた。

（1）国防ではなく、国内の治安維持を主任務とする部隊。警察よりも強力な武器を持つが、軍隊ほど強力な武器は持たない。

（2）「武装警官隊」はコンスタビュラリーの一般的な訳で、「警察予備隊」は正式

この武装警官隊が後に警察予備隊（ポリス・リザーブ）となる。(2)つまり、警察予備隊は当初から軍隊の創設を目指して編成され、その正体を偽装していたわけではない。当初は軍隊ではなく、武装警官隊として構想されていたのである。

朝鮮戦争勃発直後の７月上旬、日本を占領していた米陸軍の四個師団のうち三個師団が朝鮮半島に派遣された。残る一個師団も近く派遣される予定だったので、日本の治安維持が手薄になる。その穴を埋めるのが警察予備隊の任務だった。ＧＨＱは７月17日、警察予備隊創設に関する大綱案を作成した。その要旨は次のとおりである。

①警察予備隊の性格は、日本の平和と秩序を維持するため、暴動、一定の限度を越えた政治的ストライキ、悪質な政治的謀略などに備える治安警察部隊であって、国家地方警察、自治体警察(3)を補うことを任務とする。
②本部を中央に置き、全国を四管区程度に分ける。
③内閣総理大臣の直轄とし、その下に専任の国務大臣(4)を置く。
④内閣総理大臣は警察予備隊の本部長官を任命し、同長官が警察予備隊を統率する。
⑤相当性能の高い機動力を持ち、装備は治安警察にふさわしいものとする。

このような経緯を経て１９５０年８月10日、警察予備隊令が公布・施行され、警察予備隊が正式に発足する。サンフランシスコ講和条約の発効によって１９５２年４月に独立を回復すると、同年10月に保安隊に改編され、54年７月に陸上自衛隊となる。この過程で軍隊的性格を強めていった。(5)

名称。
（３）当時は、内閣総理大臣所轄の国家地方警察と、都道府県知事所轄の自治体警察が併存していた。１９５４年の警察法改定でともに廃止され、現在の警察庁と都道府県警（東京都の警察は警視庁と言う）になった。
（４）警察予備隊発足時に「警察予備隊本部長官」という名称になった。
（５）防衛庁は１９７８年に「防衛庁史室」を設置して防衛庁史の編纂を行い、その成果が、自衛隊の準機関紙『朝雲』１９８８年11月３日号〜91年８月15日号に長期連載された（計１２９回）。ただし、警察予備隊と保安庁（Ｑ57参照）の時代だけで、自衛隊発足以降の歴史は掲載されていない。Ｑ54はその連載３〜８を参照した。

Q56

警察予備隊の隊員には旧日本軍人が多かったのですか？

警察予備隊の創設で最大の問題は、隊員をどのようにして確保するかだった。

ＧＨＱの方針で旧日本軍の将校は公職から追放されていたので、発足当初、旧日本軍人は下士官・兵（自衛隊の曹・士に相当）だけを採用することになる。採用にあたっては、まず幹部候補者数百人を募集し、(6) その後で一般隊員を募集した。一般隊員７万５０００人の募集に対して、38万人の応募があったという。当時の警察官の初任給が３７３０円程度だったのに対し、警察予備隊員の初任給は衣食住付で約５０００円だった。生活難の時代に高い給料が魅力だったようだ。

このころ、旧日本陸軍参謀本部作戦課長で、戦争指導に大きな責任を負っていた服部卓四郎・元大佐はじめ旧日本陸軍の将校約４００人が、警察予備隊への入隊を画策していた。服部らは、ＧＨＱ参謀部第二（情報）部長だったチャールズ・ウィロビー少将の支援を得ていたが、民生局のコートニー・ホイットニー准将らが採用に反対。ダグラス・マッカーサー元帥も認めなかったし、吉田茂首相も強く反対した。

警察予備隊本部長官には、香川県知事の増原恵吉が就任（正式任命は8月14日）。制

(6) 高級幹部は国家地方警察などの役所から移籍してきたが、旧日本軍で将校だった者の採用を禁止していたため、幹部隊員の採用はなかなか進まなかった。

服組である部隊中央本部長に就任したのは、旧日本軍将校ではない林敬三・宮内府次長である(10月9日任命)。

こうして高級幹部人事は徐々に固まっていくが、一般隊員は軍事の素人ばかりだった。頭数だけそろっても、使い物にはならない。やはり軍隊経験のある者を採用しないと、警察予備隊は機能しない。

1951年になると、GHQも旧日本軍将校の公職追放解除を検討するようになった。吉田茂は軍国主義復活への懸念から、当初は追放解除に慎重であったが、GHQは1951年8月から追放解除を開始していく。

まず、第一次として、8月16日に1万1185人、続いて8月21日から9月7日にかけての第二次〜第五次で4万7353人が追放解除された。さらに、10月1日の第六次で五二六七人が追放解除された。彼らのうち警察予備隊に応募した者は、幹部隊員として採用された。

その後、旧日本陸軍大佐の入隊も認められるようになる(ただし、将官級の入隊は最後まで認められなかった)。自衛隊では、防衛大学校卒業者が幕僚長クラスに成長するまで、高級幹部の多くは旧日本軍出身者で占められていたのである。

もちろん、彼らの多くが戦後も軍国主義思想に染まっていたわけではない。とはいえ、入隊者の中には、1945年8月14日の宮中クーデター事件(7)に関与した竹下正彦・元陸軍中佐も含まれていた(8)。

(7) 日本の敗北を受け入れられなかった旧日本陸軍の佐官クラスの一部が、ポツダム宣言の受諾を阻止するためにクーデターを起こそうとして失敗した事件。竹下は、陸上自衛隊幹部学校長(階級は将)にまで上り詰めた。

(8) Q56では、Q55で紹介した連載の12、15、20、35を参照した。

Q57

海上自衛隊は、どのようにして誕生したのですか？

敗戦によって旧日本海軍は消滅したが、海上防衛力を再建しようと考える人たちは密かに研究を行っていた。1948年1月ごろから、第二復員省に勤務していた吉田英三・元海軍大佐、寺井義守・元海軍中佐らが、勤務のかたわら海上防衛力再建のための研究を実施していた。275隻の艦船を保有するというような内容である。[9][10]

Q55で述べたように、1950年6月の朝鮮戦争勃発によって、ダグラス・マッカーサーは警察予備隊の創設と海上保安庁の増強を命じる。そして、1951年1月の年頭の辞では再軍備の必要性を説いた。

こうした情勢の変化の中で、かねてから海軍力の再建を目指していた野村吉三郎・元海軍大将、山本善雄・元海軍少将らが、第二復員局における研究に着目。1951年1月、この研究を活用した案を米極東海軍司令官のターナー・ジョイ中将に提案した。その後、保科善四郎・元海軍中将が日本側の窓口、米極東海軍司令部参謀副長のアーレー・バーク少将がアメリカ側の窓口となって、日米共同で海上防衛力再建のための研究が進められていく。

（9） 復員とは兵員の招集を解除することである。具体的には、外地に派遣されていた旧日本軍の兵員を内地（日本本土）に連れ戻し、家族のもとに帰れるようにする。第一復員省が旧日本陸軍の復員を、第二復員省が旧日本海軍の復員を担当した。

（10） 鈴木総兵衛『聞書・海上自衛隊史話』水交会、1989年。

1951年8月には、米海軍作戦部長[11]のフォレスト・シャーマン大将から、「日本がフリゲイト[12]を受け入れる決心をすれば、援助する」との通知が発せられた。この時点では海上保安庁しか存在しなかったが、内閣直属でフリゲイト受け入れ準備のための委員会を発足させることになる。旧日本海軍関係者8人と海上保安庁関係者2人で構成されたこの委員会はY委員会と呼ばれ、米極東海軍とも密接に協議した。当時、その存在は秘密だった。

Y委員会では、新たな海上防衛力創設の方法として、①海上保安庁を増強する、②海上保安庁の一部を分離して、新たな組織を創設する、という二案が検討され、米極東海軍は分離案を支持した。Y委員会は1951年11月に分離案を決定する。

1952年4月、海上保安庁法改正案が国会で可決され、海上保安庁の中に海上警備隊が編成された。これを受けてY委員会は解散した。この段階では完全な分離ではないが、分離への大きな一歩である。米海軍からフリゲイト二隻と支援艇一隻が海上警備隊に貸与されたのは、同年5月だ。海上警備隊は軍艦を保有しているので、海軍のような組織とも言える。8月には、警察予備隊と海上警備隊を統合する形で、保安庁が創設された。海上警備隊は海上保安庁から分離し、保安庁警備隊となった。

このような経緯を経て1954年7月、陸上自衛隊、航空自衛隊とともに、海上自衛隊が発足する。海上自衛隊は旧日本海軍出身者と米海軍の両方を生みの親として創設されたが、実際には米海軍の指導で海上防衛力が再建されたと言えよう[13]。

(11) 陸軍参謀総長、空軍参謀総長と同格の地位だが、海軍だけは作戦部長と言う。海上自衛隊の海上幕僚長に相当する。
(12) Q49の注(77)参照。
(13) Q57では、Q55で紹介した連載の51～62を参照した。

Q58

海上自衛隊は米海軍とべったりなのですか？

海上自衛隊は米海軍によって育成された組織であり、陸上自衛隊や航空自衛隊との関係よりも、米海軍との関係のほうが密接と言える。そもそも、米海軍との共同作戦でなければ、力を発揮できない構造である。そうした事情について、武居智久・前海上幕僚長は海幕防衛部長時代に執筆した論文で、次のように指摘している。

「海上自衛隊は創設以来、有事への対応を念頭に置き、また太平洋戦争の教訓を反映し、対潜水艦戦と対機雷戦を重視しつつ防衛力整備を進めてきた。こうして造成された防衛力は、やがて攻勢作戦は米軍が受け持ち防勢作戦は海上自衛隊が受け持つ関係となり、日米が相互に補完し合う、いわゆる盾と矛の関係を形成するに至り、その結果として、海上自衛隊と米海軍との緊密なかつ強固な関係は日米同盟の下支えであり核心であると高く評価されてきた。我が国の地理的環境や経済的特性を考慮すれば、今後も海上自衛隊の表芸として、優れた対潜水艦戦能力と機雷戦能力を維持し続けることの重要性に変わりはない(14)」

攻勢作戦とは、米海軍の空母に搭載されている戦闘攻撃機による敵地攻撃や、米海

(14)「海洋新時代における海上自衛隊」『波濤』2008年11月号。なお、『波濤』は海上自衛隊の部内誌である。

軍の水上戦闘艦や潜水艦に搭載されている巡航ミサイル・トマホークによる敵地攻撃を指す。防勢作戦とは、日本を攻撃しようとする敵の水上戦闘艦や潜水艦を洋上で撃破するといった防衛的な作戦を指す。

海上自衛隊と米海軍の関係の深さは、日米共同演習の開始時期にも表れている。航空自衛隊と米空軍による共同演習が開始されたのは１９７８年で、陸上自衛隊と米陸軍による共同演習が開始されたのは81年である。これに対して、海上自衛隊と米海軍による共同演習が開始されたのは、自衛隊創設翌年の１９５５年と大幅に早い。１９５５年４月に、米海軍から貸与された掃海艇を使って、佐世保周辺で日米共同掃海訓練が実施された。

１９５７年になると、日米共同対潜訓練も始まった。海上自衛隊の護衛艦や対潜哨戒機を使用して、敵の潜水艦を探知・撃破する訓練である。米海軍は仮想敵(標的)を演じる潜水艦を参加させた。海上自衛隊は対潜水艦戦に力を入れていく。米海軍が北東アジア地域に対潜哨戒機を約10機しか配備していないのに対し、海上自衛隊は最盛期には約１００機を保有していた。

その一方で、海上自衛隊の輸送能力は乏しく、輸送艦は３隻しか保有していない。沿岸防衛用のミサイル艇[15]も６隻にすぎない。海上自衛隊の装備体系は、独力で日本を守るのではなく、米海軍と一体化したときにこそ真価が発揮される構造になっている。

(15) 対艦ミサイルを搭載した小型の戦闘艦艇。

Q59

航空自衛隊は、どのようにして誕生したのですか?

旧日本軍には、空軍はなかった。あったのは陸軍航空隊と海軍航空隊である。航空自衛隊の創設構想は1950年初頭から始まった。それには二つの流れがある。

ひとつは旧日本陸軍軍人による研究だ。秋山紋次郎・元陸軍大佐、浦茂・元陸軍中佐らが「日本空軍創設研究会」を組織し、独立軍種としての空軍が必要との立場から研究を開始。1952年5月に「空軍兵備要綱」を作成した。同年6月には「航空戦力創設に関する意見書」を作成。吉田茂首相の軍事顧問だった辰巳栄一[16]・元陸軍中将を通じて、吉田茂に口頭報告された。7月には「日本空軍創設に関する意見書」を作成し、オットー・ウェイランド米極東空軍司令官に提出した。

もうひとつの流れは旧日本海軍軍人による研究だ。彼らは山本善雄・元海軍少将を中心に、海上防衛力建設研究グループを組織し、1951年12月、「新空海軍軍備計画」を作成。それを一部修正した「新空海軍建設計画」が、1952年5月に、米極東海軍司令部に提出された。海軍の中に航空部隊を編成するという案である。

1952年5月ごろ、警察予備隊と海上警備隊を統合して保安庁を創設する構想が

(16) 辰巳栄一は吉田茂の私的アドバイザーであり、軍事顧問という肩書は通称である。

明らかになると、旧日本陸軍軍人のグループが旧日本海軍軍人のグループに対して、陸軍や海軍から独立した空軍の創設に関する共同研究を呼びかけた。両グループは共同案として「空軍建設要綱」を作成。辰巳栄一を介して、吉田茂に提出された。この「空軍建設要綱」には、整備すべき機種・機数として、戦闘機４３２機、練習機２９４機などと記載されていた。

米空軍も、日本に独立空軍を早期に編成する構想を抱いており、日本に小型の軽爆撃機を供与することまで考えていた。

独立回復後の１９５２年９月、保安庁内に将来の防衛体系を研究する制度調査委員会が設置された。さらに、１９５３年10月には、航空防衛力整備を専門に研究する制度調査委員会別室が設置された。こうして航空自衛隊の創設が具体化していく。そして１９５４年１月、吉田茂が国会で航空自衛隊の創設を正式に表明した。その結果、同年７月に陸上自衛隊、海上自衛隊とともに航空自衛隊が発足したのである。

航空自衛隊の発足にあたり、問題になったのが航空機の所属先だった。すべて航空自衛隊の所属とするのか、それとも陸上自衛隊と海上自衛隊にも配属するのか、という問題である。結果的に、すべての航空機を航空自衛隊に配属するのではなく、対潜哨戒機は海上自衛隊に、ヘリコプターは用途に応じて、陸上自衛隊、海上自衛隊、航空自衛隊に分けて配属することになった。これは米軍の方式と同じである[17]。

(17) Ｑ59は『航空自衛隊50年史』(航空幕僚監部、２００６年、非売品)の「序章　空軍建設構想時代」と「第１章　航空自衛隊の創設」を参照した。

Q60

海上保安庁の掃海部隊が朝鮮戦争に参戦し、死者が出たというのは本当ですか?

朝鮮戦争(1950~53年)のころは、自衛隊はまだ創設されていない。しかし、後に海上自衛隊に組み込まれる海上保安庁の掃海部隊が、秘密裏に参戦している。

朝鮮戦争の緒戦では、韓国軍が北朝鮮軍に圧倒された。戦局が変わったのは、1950年9月に米軍を中心とする「国連軍」(18)がソウル近郊の仁川《インチョン》上陸作戦を成功させてからである。この後、国連軍が計画した日本海に面する北朝鮮南東部の元山《ウォンサン》への上陸作戦では、元山沖に敷設された北朝鮮軍の機雷を除去する必要があった(19)。しかし、国連軍には十分な掃海(20)能力がない。そこで目を付けられたのが日本の掃海隊だった。当時の日本では、海上保安庁の掃海隊が、太平洋戦争時に米軍によって敷設(21)された機雷を除去する作業に従事していた。

1950年10月2日、米極東海軍参謀副長のアーレー・バーク少将は海上保安庁の大久保武雄長官に連絡をとり、日本掃海隊の出動を要請。大久保は吉田茂首相の了承を得て、掃海隊の派遣を決意した。この掃海隊は「特別掃海隊」と呼ばれ、四個隊編成(のちに五個隊編成になる)。一個隊は掃海艇五隻と巡視艇一隻で編成された。

(18) ソ連が国連安全保障理事会を欠席していたときに採択された決議によって編成された国連軍なので、正式な国連軍とは認められていない。そのため、「朝鮮国連軍」と呼ばれることが多い。

(19) このころ北朝鮮軍は国連軍に押されて後退しており、元山付近で北朝鮮軍による妨害は想定されていなかった。

(20) Q41の注(28)参照。

(21) 機雷を海中に設置すること。

当時の日本は占領下だったから、米軍の要請は事実上の命令である。だが、戦禍の記憶冷めやらぬ時代だったから、公然たる派遣は世論対策上困難で、秘密裏の派遣となった。派遣された掃海隊員にとっても、寝耳に水の出来事である。

「特別掃海隊」は10月６日、関門海峡の門司《もじ》港（福岡県）を出港した。ところが、掃海艇四隻が米海軍の掃海艇とともに元山沖で掃海作業に従事していた10月17日、日本の掃海艇ＭＳ14号が触雷し、沈没するという事故が発生。掃海隊員の一人であった中谷坂太郎が死亡した。このため、特別掃海隊はその後も予定どおり掃海を続けるか、日本に帰るかという苦渋の選択を迫られる。

日本側は吃水《きっすい》(22)の浅い掃海艇を使用するか、米軍が小規模な掃海を実施した後に日本の掃海艇を投入するように米軍へ要請した。しかし、その折衝中に米軍の上級司令部から「15分以内に内地に帰れ。さもなければ15分以内に掃海にかかれ」という命令が下される。その結果、第二掃海隊が日本に帰るという異常事態が発生した。一方、残りの掃海隊は引き続き１９５０年12月まで朝鮮半島各地で掃海に従事した。

特別掃海隊の活動は米軍に高く評価されたが、派遣と中谷坂太郎の死を関係者が公式に認めたのは、後に自民党の衆議院議員を務めた大久保武雄が『海鳴りの日々』（海洋問題研究会刊）を出版した１９７８年である。朝鮮戦争当時からマスコミで断片的に報じられ、国会で追及されたこともあるが、政府はしらを切りとおしたのだ。

（22）海中に没している部分の高さ。吃水が浅いほど触雷する可能性が低くなる。

【著者紹介】

福好昌治（ふくよし・しょうじ）

1957年生まれ。軍事雑誌の編集者などを経て、現在、軍事評論家。軍事専門誌の『丸』と『軍事研究』に執筆中。著書に『平和のためのハンドブック軍事問題入門 Q&A40』（梨の木舎、2014年）、『アメリカ太平洋軍の新戦略』（共著、アリアドネ企画、2004年）、『極東有事と自衛隊』（共著、アリアドネ企画、2004年）、『別冊宝島 Real「自衛隊＋在日米軍」の実力』（編著、宝島社、2002年）、『自衛隊 ここまで暴露《バラ》せば殺される』（あっぷる出版社、1991年）などがある。得意技は速書き。

徹底解剖 自衛隊のヒト・カネ・組織

二〇一七年二月一〇日 初版発行

著　者 福好昌治

発行者 大江正章

発行所 コモンズ

東京都新宿区下落合一—五—一〇—一〇〇二
TEL〇三（五三八六）六九七二
FAX〇三（五三八六）六九四五
振替 〇〇一一〇—五—四〇〇一二〇
info@commonsonline.co.jp
http://www.commonsonline.co.jp/

印刷・東京創文社／製本・東京美術紙工
乱丁・落丁はお取り替えいたします。
ISBN 978-4-86187-138-2 C 0031